油田企业模块化、实战型技能培训系列教材

储气库运行岗
技能操作标准化培训教程

丛书主编　陈东升

本书主编　马敬朝　汪　海

中国石化出版社

图书在版编目(CIP)数据

储气库运行岗技能操作标准化培训教程/陈东升，马敬朝，
汪海主编 . —北京：中国石化出版社，2023.9
油田企业模块化、实战型技能培训系列教材
ISBN 978 - 7 - 5114 - 7197 - 0

Ⅰ.①储…　Ⅱ.①陈…②马…③汪…　Ⅲ.①地下储
气库 – 运行 – 技术培训 – 教材　Ⅳ.①TE972

中国国家版本馆 CIP 数据核字(2023)第 142809 号

中国石化出版社出版发行

地址:北京市东城区安定门外大街 58 号
邮编:100011　电话:(010)57512500
发行部电话:(010)57512575
http://www. sinopec-press. com
E-mail:press@ sinopec. com
北京柏力行彩印有限公司印刷
全国各地新华书店经销

＊

787 毫米×1092 毫米 16 开本 13.25 印张 317 千字
2023 年 9 月第 1 版　2023 年 9 月第 1 次印刷
定价:98.00 元

油田企业模块化、实战型技能培训系列教材
编委会

主　　任　张庆生

副 主 任　蔡东清

成　　员　陈东升　王少一　章　胜　祖钦先　马传根

　　　　　郭志飞　吴春茂　房彩霞　尚秀山

《储气库运行岗技能操作标准化培训教程》
编委会

主　　任	廖德云	赵泽宗			
委　　员	耿卫华	陈新国	佟志新	刘书权	孟宪辉
	杜远宗	孙东升	孙常敏	杜志伟	王振华

编写组

主　　编	马敬朝	汪　海			
副 主 编	王树森	高　鹰			
编写人员	马江飞	白　冰	乔松涛	克　猛	张　健
	胡建合	王　磊	武文斌	徐胜愿	李　刚
	张龙超	刘　鸣	尚秀山	李惠娜	姚翠菊

审核组

主　　审	杜远宗			
审核人员	吕　军	孙立辉	徐连军	李英华

序　言

　　为贯彻落实中原石油勘探局有限公司、中原油田分公司（以下简称中原油田）人才强企战略，通过开展专项技能培训和考核，全面提升技能操作人员工作水平，促进一线生产提质增效，由中原油田人力资源部牵头，按照相关岗位学习地图，分工种编写了系列教材——《油田企业模块化、实战型技能培训系列教材》，本书是其中一本。

　　本书具有鲜明的实战化特点，所有内容模块都围绕生产实际业务或操作项目设置，既能成为提升实际工作能力的培训教材，也可以作为指导岗位操作的工具书。其内容具备系统性，既包括施工前准备、执行操作流程、操作要点与质量标准，也包括安全注意事项及事故应急处理等内容，体现了"以操作技能为核心"的特点。所有编写人员均来自基层单位，有基层技能操作专家，也有技术骨干等，真正体现出"写我所干，干我所写"的理念。

　　本书可供相关工种员工的日常学习，以及基层单位组织集中培训、岗位练兵等使用，每本教材后都附有本工种学习地图，使本工种各技能等级员工都能找到自己的努力方向和学习内容，为广大员工开展个性化岗位学习、提高学习效率点亮一盏指路明灯。

　　同时，本书也向广大读者传达一种"学、做翻转"的人才培训思路：即打破参加培训就是到课堂学习知识的传统思维方式，把"学习知识、了解流程、掌握标准"的活动放在工作岗位，通过对教材内容的学与练，提升职业技能水平；只有遇到岗位学习或工作中难以解决的问题时，才考虑参加集中培训，通过对具体问题解决过程的体验、学习与感悟，提升学习者解决实际问题的能力。

当然，本书的编写也是实战型培训教材开发的初步实践，尽管广大编者尽其所能投入编写，也难免存在不妥之处。期望广大读者、培训教师、技术专家及培训工作者多提宝贵意见，以促进教材质量不断提高。

《油田企业模块化、实战型技能培训系列教材》编写委员会

前　言

  储气库建设是加快推进天然气清洁能源利用，落实集团公司打造世界领先洁净能源化工公司愿景目标的有力行动。提高岗位工人现场操作技能，是工业企业开展员工培训工作的重要内容之一，也是提高生产效率、增加经济效益、保证安全生产的重要措施。为此，中原油田人力资源处组织编写了这本岗位培训教材。

  这本教材采用现场写实的方式明确了储气库运行操作中的内容、步骤，并对其进行了详细讲解，首次增添了操作要点、安全注意事项、突发事件应急处置、学习导图等内容。力求做到取材先进实用，内容密切联系生产实际，叙述重点突出、层次分明、文字简练、通俗易懂，使岗位人员既能快速掌握，又能实现技能提升。

  在编写过程中，编写组人员查阅、参考了大量资料，同时中原油田天然气产销厂专家也给予了很大的支持和帮助，在此表示衷心感谢！由于编写水平有限，疏漏、错误之处恳请广大职工技术人员提出宝贵意见。

目　　录

单元一　储气库概述 ·· （1）

单元二　站场生产作业 ·· （4）

　模块一　注采站站场启停作业 ·· （4）

　　项目一　注气系统投运操作 ·· （4）

　　项目二　注气系统停运操作 ·· （6）

　　项目三　采气系统投运操作 ·· （6）

　　项目四　采气系统停运操作 ·· （8）

　　项目五　站场一级停运作业 ·· （9）

　　项目六　站场二级停运作业 ·· （10）

　　项目七　站场三级停运作业 ·· （11）

　　项目八　站场ESD流程恢复 ·· （12）

　模块二　丛式井场启停作业 ·· （14）

　　项目一　注采井开井注气操作 ·· （14）

　　项目二　注采井关井停注操作 ·· （15）

　　项目三　注采井开井采气操作 ·· （16）

　　项目四　注采井关井停采操作 ·· （17）

　模块三　站场放空作业 ·· （18）

　　项目一　站场手动放空 ·· （18）

　　项目二　站外管线放空 ·· （19）

　模块四　站场排污作业 ·· （20）

　　项目一　进站分离器排污作业 ·· （20）

　　项目二　旋风分离器排污作业 ·· （21）

　　项目三　过滤分离器排污作业 ·· （21）

模块五 站场巡检作业 ……………………………………………………（23）

  项目一 站场巡回检查 …………………………………………………（23）

  项目二 生产报表的填写 ………………………………………………（24）

  项目三 交接班作业 ……………………………………………………（25）

单元三 设备操作维护 ………………………………………………………（27）

  模块一 站场自控系统操作 ………………………………………………（27）

    项目一 DCS 系统 HMI 画面识别操作 ………………………………（27）

    项目二 SIS 系统 HMI 画面识别操作 …………………………………（31）

    项目三 电液井口安全控制系统操作与维护 …………………………（33）

    项目四 Shafer 气液联动执行机构操作 ………………………………（35）

    项目五 BETTIS ROC – G8140 系列气液动执行机构操作 …………（38）

    项目六 BETTIS G5 – MG 气动执行机构操作 ………………………（39）

    项目七 BETTIS G5124 – M11 系列气动执行机构操作 ……………（40）

    项目八 BETTIS C01012 系列气液动执行机构操作 …………………（41）

    项目九 BETTIS ROV – G3114 系列气动执行机构操作 ……………（42）

    项目十 BETTIS BDV 气动执行机构操作 ……………………………（44）

    项目十一 Flwserve 系列气液动执行机构操作 ………………………（45）

    项目十二 Flwserve Valtek 气动调节阀操作与维护 …………………（46）

    项目十三 Rotork 电动执行机构操作 …………………………………（47）

    项目十四 Fahlke Sehaz 型电液联动执行机构操作 …………………（51）

    项目十五 Emerson 电液执行机构操作 ………………………………（54）

    项目十六 Bettis 自力液压紧急关断系统操作 ………………………（55）

    项目十七 Stream – Flo 皇冠自力式液压紧急关断系统操作 ………（56）

    项目十八 Severn 气动调节阀操作 ……………………………………（57）

  模块二 站场仪表计量系统操作与维护 …………………………………（59）

    项目一 压力（差压）变送器启停操作与维护 ………………………（59）

    项目二 更换压力变送器操作 …………………………………………（61）

    项目三 温度变送器启停操作与维护 …………………………………（62）

    项目四 更换温度变送器操作 …………………………………………（64）

    项目五 超声波流量计拆卸操作 ………………………………………（65）

    项目六 超声波流量计安装操作 ………………………………………（66）

　　项目七　KSR 磁致伸缩液位变送器操作与维护 ·················· （67）

　　项目八　更换压力表操作 ································· （69）

　　项目九　双金属温度计拆卸操作 ························· （70）

　　项目十　双金属温度计安装操作 ························· （71）

模块三　天然气脱水系统操作 ···························· （73）

　　项目一　脱水装置系统清洗操作 ························· （73）

　　项目二　脱水装置系统碱洗操作 ························· （74）

　　项目三　脱水装置原始开车操作 ························· （75）

　　项目四　脱水装置正常开车操作 ························· （77）

　　项目五　脱水装置参数调整及报表填写 ·················· （79）

模块四　自用气撬系统操作与维护 ························· （81）

　　项目一　系统投运操作 ································· （81）

　　项目二　电伴热投运操作 ······························ （82）

　　项目三　检查与维护保养 ······························ （83）

模块五　火气系统操作与维护 ···························· （85）

　　项目一　启动 GST5000 火灾报警控制器（联动型） ·········· （85）

　　项目二　停运 GST5000 火灾报警控制器（联动型） ·········· （86）

　　项目三　设备屏蔽操作 ································· （87）

　　项目四　设备取消屏蔽操作 ····························· （88）

　　项目五　手动火灾报警按钮测试操作 ····················· （89）

模块六　放空火炬系统操作与维护 ························· （90）

　　项目一　放空火炬点火操作 ····························· （90）

　　项目二　火炬系统检查保养 ····························· （92）

模块七　分离装置系统操作与维护 ························· （94）

　　项目一　锁环式快开盲板操作与维护 ····················· （94）

　　项目二　卡箍式快开盲板操作与维护 ····················· （96）

　　项目三　过滤分离器更换滤芯 ··························· （98）

模块八　水处理装置操作与维护 ·························· （101）

　　项目一　一体化污水处理装置手动操作 ·················· （101）

　　项目二　一体化污水处理装置自动操作 ·················· （102）

　　项目三　污水处理装置检查保养 ························· （103）

项目四　生活给水处理装置启停操作 ···················· (104)

模块九　站场通信系统操作与维护 ···················· (106)

　项目一　周界安防系统操作与维护 ···················· (106)

　项目二　会议电视系统操作与维护 ···················· (107)

模块十　站场电气系统操作与维护 ···················· (109)

　项目一　柴油发电机组启停操作 ···················· (109)

　项目二　索克曼 UPS 电源操作 ···················· (111)

　项目三　UPS 电源放电操作 ···················· (113)

　项目四　时控开关操作与维护 ···················· (114)

模块十一　站场仪表风系统操作与维护 ···················· (116)

　项目一　英格索兰 RS30i 型空气压缩机启停操作 ·············· (116)

　项目二　英格索兰 M160—A10 型空气压缩机启停操作 ·········· (117)

　项目三　KSN—80E 变压吸附制氮装置启停操作 ·············· (120)

　项目四　FD—120 变压吸附制氮装置启停操作 ·············· (121)

　项目五　添加冷却剂操作 ···················· (122)

模块十二　管道保护系统操作与维护 ···················· (124)

　项目一　恒电位仪启停操作 ···················· (124)

　项目二　数字式万用表操作 ···················· (125)

　项目三　阴极保护测试桩检查与维护 ···················· (127)

　项目四　绝缘法兰性能检测 ···················· (128)

　项目五　测量管道保护电位 ···················· (129)

模块十三　电驱动往复式压缩机组操作 ···················· (131)

　项目一　RDSD706—2 型压缩机组日常操作 ·············· (131)

　项目二　6HS－E 型压缩机组日常操作 ·············· (133)

　项目三　WG76 型压缩机组日常操作 ·············· (136)

模块十四　甲醇加注撬系统操作与维护 ···················· (139)

　项目一　甲醇加注撬启泵操作 ···················· (139)

　项目二　甲醇储罐卸车操作 ···················· (140)

　项目三　日常检查维护与保养 ···················· (141)

模块十五　手动阀门操作 ···················· (143)

　项目一　手动球阀操作 ···················· (143)

　　项目二　Serck 旋塞阀操作 ·· (144)

　　项目三　阀套式排污阀操作 ·· (145)

　　项目四　节流截止放空阀操作 ·· (146)

　　项目五　清管阀操作 ·· (148)

模块十六　阀门维护保养 ·· (150)

　　项目一　10—90 气动注脂泵操作 ·· (150)

　　项目二　400D 注脂枪操作 ·· (151)

　　项目三　阀门排污操作 ·· (153)

　　项目四　球阀常见故障与处理 ·· (154)

单元四　站场应急 ·· (157)

模块一　应急器材使用 ·· (157)

　　项目一　手提式干粉灭火器使用 ·· (157)

　　项目二　推车式干粉灭火器使用 ·· (158)

　　项目三　二氧化碳灭火器使用 ·· (159)

模块二　现场急救 ·· (160)

　　项目一　正压式空气呼吸器操作 ·· (160)

　　项目二　心肺复苏 ·· (162)

　　项目三　触电现场急救 ·· (164)

　　项目四　急性中毒现场急救 ·· (165)

模块三　应急处置 ·· (166)

　　项目一　站场出现火情 ·· (166)

　　项目二　井口采气树出现泄漏 ·· (166)

　　项目三　压缩机组天然气泄漏 ·· (167)

　　项目四　管线、阀门、法兰发生刺漏 ·· (168)

　　项目五　压力容器本体发生天然气泄漏应急处置 ······························ (169)

　　项目六　注采站采出水罐发生大量天然气泄漏 ································ (169)

　　项目七　危险废物泄漏（液态）应急处置 ···································· (170)

　　项目八　注采站注气期因故障引发阀门关断造成注气停产 ······················ (171)

　　项目九　注采站采气期因故障引发阀门关断造成采气停产 ······················ (172)

　　项目十　空气压缩机故障停机 ·· (172)

　　项目十一　系统停电 ·· (173)

　　项目十二　触电事故 ……………………………………………………（173）

　　项目十三　食物中毒 ……………………………………………………（174）

　　项目十四　人员中暑事故 ………………………………………………（175）

　　项目十五　洪汛灾害 ……………………………………………………（175）

　　项目十六　重大地震灾害 ………………………………………………（176）

　　项目十七　高处坠落 ……………………………………………………（177）

附录 1　不同厂家球阀维护保养方法 ……………………………………（178）

附录 2　储气库运行岗位员工学习导图 …………………………………（192）

参考文献 …………………………………………………………………（198）

单元一　储气库概述

一　储气库概念及功能

天然气地下储气库是用于天然气注入、储存、采出的地下地面一体化系统。储气库的主要作用是调节季节性供气峰谷差，或是在上游发生意外时能保证供气的连续性，运行周期、调峰能力根据管道供气区域的用气不均匀系数规律安排。与地面球罐等方式相比较，地下储气库具有以下优点：储存量大、机动性强，调峰范围广；经济合理，使用年限长达30~50年或更长；安全系数大，安全性远远高于地面设施。

二　储气库类型与特点

目前世界上典型的天然气地下储气库类型有5种：枯竭油气田型地下储气库、含水层型储气库、盐穴型地下储气库、岩洞型地下储气库、废弃井型地下储气库。

1. 枯竭油气田型地下储气库

枯竭油气田型地下储气库是利用枯竭或半枯竭油藏、气藏或油气藏改建成的储气库。世界上已有的大部分地下储气库属于这种类型。目前全球共有此类储气库逾400座，占地下储气库总数的75%以上。尤其在美国，这类储气库更是占绝对优势。枯竭型油气田地下储气库是通过油气原有的生产井和建库时增加的气井往枯竭油气层中注入天然气或从中采出天然气。

由于枯竭油气层以前就是油气的聚集区，其孔隙度和渗透率一般能满足储气库的要求，不需要过多的勘探工作，而且可利用油气田原有的生产井及地面集输设施。枯竭型地下储气库又可分为枯竭气田型储气库、枯竭凝析气田型储气库和枯竭油田型储气库，其中枯竭气田型储气库最为理想。由于枯竭气田型储气库的运行条件与原气田的开采条件很相似，在建设储气库时可以最大限度地利用气田原有的生产设施，改造工程量最小。此外，从枯竭气田型储气库中采出的天然气洁净度高，在采气作业时对天然气进行处理的工作量小，运行费用低。国外实践证明，作为天然气地下储气库，枯竭气藏的采气程度达到70%最为合适，枯竭油藏的含水率达到90%最为合适，这类储气库兼有油层和水层特征。

2. 含水层型储气库

含水层型储气库是利用地下含水层来储集天然气。全世界大约有82座含水层型地下储气库，大多分布在美国、法国和德国等。含水层型储气库是通过高压将气体注入含水层的孔隙中形成人工气田。这类储气库结构完整、储量大，钻井可以一步到位。但由于含水层中原来没有气体，所需的垫层气用量大，气水界面难以控制，建设成本比枯竭气田型储气库要高，建设周期长。含水层作为地下储气库，一般可分为两种形式：构造型和地层型。国外大多数含水层储气库都建在背斜构造的含水冲击砂岩储层，排水储集天然气。

在含水层建储气库必须满足三个条件：储气层应有多孔隙、渗透性良好的岩石；有可靠的盖层，保证气体不会沿垂向渗漏；储层周围密封性要好，气体不能侧向运移。建这类储气库必须经过周密勘探，做大量的水文地质工作。

3. 盐穴型地下储气库

盐穴型地下储气库是在地下盐层中注淡水冲蚀出洞穴来储存天然气。盐穴型地下储气库目前世界上大约有44座。近年来由于天然气需求的变化，这类储气库发展很快。盐穴型地下储气库物性和压缩性极好，可扩大储集体积，单井产量高，特别适合作短期调峰用。但钻井完井难度大，溶洞冲蚀较难控制。从规模上看，盐穴型储气库的容积远远小于枯竭油气田型储气库和含水层型储气库，单位成本高。但它的突出优点是利用率高，注气时间短，垫层气用量少，需要时垫层气可以完全采出。

建设盐穴型储气库受很多因素的影响。首先必须有较厚的岩层，岩层中不溶解物质必须低于25%；其次还要有足够的淡水资源，排出的盐水还要有适合的排放场所。

4. 岩洞型地下储气库

岩洞型地下储气库是利用在岩石中开挖出的封闭空间储存天然气，可以建在大多数岩石中。库址选择灵活，特别是对那些缺乏孔隙性地层和岩层的地区，很可能是经济、有效的储气方式。但岩洞型储气库施工费用高，密封难度大。自20世纪70年代以来，一些国家开展了建设岩洞型地下储气库的前期研究工作。

5. 废弃井型地下储气库

废弃井型地下储气库是利用废弃矿井作为天然气的储存空间。建设这类储气库的最大困难是密封难度大，由此可能引发安全和环保问题。目前全球只有3座矿坑储气库，其中美国2座，德国1座。

由于废弃矿井原来是在常压下工作，不具有密封性，因此在改建为高压储气库时首先应进行加固和密封。矿井中原有通向地面的竖井可以作为储气库的注、采气井，但必须做严格的密封处理，还要新打一些注、采气井和监测井。

三 国内地下储气库的发展

我国的地下储气库建设起步较晚，20世纪70年代最早在大庆油田进行过利用气藏建设储气库的尝试。20世纪90年代初，随着陕京天然气输气管道的建设，为确保北京、天津的安全供气，国家开始加大力度研究建设地下储气库技术。

1. 大庆储气库

20世纪60年代末，随着大庆油田开发规模的不断扩大，原油开采过程中产生了大量伴生气，这些伴生气有效地解决了大庆油田的生产和生活用气。为解决大庆地区冬夏用气不均匀的矛盾，从1967年开始分别在大庆油田萨中地区和喇嘛甸油田北块建成并投入运营国内两座小型天然气地下储气库，为北方寒冷地区合理利用天然气资源，并在一段时期内为确保工业生产和居民生活用气实现基本平衡，发挥了重要作用。

大庆油田储气库是随着对天然气消费需要的发展而出现的，在一定程度上调节了大庆地区季节用气的不均衡，缓解了冬季用气的紧张局面，创造了良好的经济效益，初步形成了一套较完整的技术体系。

2. 大港油田储气库

随着陕甘宁大气田的发现和陕京天然气输气管道的建设，为确保北京和天津两大城市的调峰供气，在天津市附近的大港油田利用枯竭凝析气藏建成了两座地下储气库，即大张坨地下储气库和板 876 地下储气库，为我国首座与输气管道配套、用于保证季节调峰和事故应急的市场储气库。作为陕京输气管道的配套工程，这两座地下储气库的建成既保证了陕京输气管道满负荷高效运行，又部分解决了北京市用气调峰和事故应急供气问题。

3. 金坛盐穴储气库

为确保西气东输工程的实施，保证西气东输管道沿线和下游长江三角洲地区用户的正常用气，在长江三角洲地区选择了江苏省金坛市的金坛盐矿建设我国第一个盐穴天然气地下储气库。储气库设计的溶腔形态为梨形，单腔运行压力溶腔有效储气空间为 $25 \times 10^4 \mathrm{m}^3$，有效工作气量为 $2896 \times 10^4 \mathrm{m}^3$。

4. 文 96 储气库

作为中国石化首座地下储气库，文 96 储气库是榆林—济南天然气长输管道配套建设项目，利用中原油田文 96 枯竭砂岩气藏而建。气库设计库容量 5.88 亿立方米，有效工作气量 2.95 亿立方米，主要担负豫北、山东天然气目标市场的季节调峰供气与事故应急供气。

5. 文 23 储气库

文 23 储气库是国家战略储备库，是国家"十三五"重点建设工程，设计总库容 104 亿立方米，是我国中东部地区最大的储气库。由文 23 枯竭气田主块改建，主要承担着华北地区天然气应急调峰、市场保供的重要任务，可为多条长输管道的平稳运行提供服务和保障，在改善大气环境质量、能源使用结构和提高人民生活水平等方面意义重大。

在碳达峰、碳中和的背景影响下，天然气在我国能源消费结构中所占比重不断扩大，天然气用量不断增加，中国石油、中国石化纷纷大力兴建储气库项目。2021 年新投产的储气库有孤西储气库、永 21 储气库、清溪储气库、卫 11 储气库，设计总库容增加 21.58 亿立方米，工作气量增加 8.92 亿立方米。扩容的储气库有双 6 储气库、呼图壁储气库、相国寺储气库、中原文 96 储气库，设计总库容增加 2.35 亿立方米，工作气量增加约 1.1 亿立方米。截至目前，地下储气库设计总库容增加 23.93 亿立方米，工作气量增加约 10.02 亿立方米，将极大缓解"冬天气不够，夏天超库存"的天然气供需不平衡局面。

据不完全统计，现在在建但未投产的储气库有楚州张兴储气库、陕 224 储气库、陕 17 储气库、榆 37 储气库、堡古 2 气库 1 井储气库等。这些储气库的建成将有力降低国家在供暖季出现供气不足的情况，有效调控我国天然气"淡季不淡，旺季更旺"的问题，为更好地实现碳中和打下坚实的基础。

四　地下储气库系统构成

（1）地面、地下单元描述：注气时，天然气由气源管线进入注采站，通过旋风分离器、过滤分离器脱除固体杂质和水，随后经超声波流量计计量进入注气压缩机组，增压后的天然气经注气干线输送到丛式井场并通过单井注入地层。

采气时，地下采出的天然气经站内采气阀组，由空冷器换热后进入旋风分离器和过滤分离器，随后进入吸收塔，经三甘醇溶液吸收满足水露点要求后，由缓冲罐进行分离，最后通过超声波流量计计量并外输到管道系统。

（2）储气库的工作周期：分为注气期、采气期及停气平衡期。运行周期根据储气库地质、注采工程方案以及用户委托要求确定。由于气库兼有战略储备、抢修应急、季节调峰等多种组合目标，且为多条长输管道用气，综合考虑北方冬季取暖用气和南方夏季发电用气，每个注气周期内注气期为 210d，采气期为 120d，平衡检测期 35d。

单元二　站场生产作业

模块一　注采站站场启停作业

项目一　注气系统投运操作

1　项目简介

接调控中心通知需要注气时，天然气由气源管线进入注采站，通过旋风分离器、过滤分离器脱除固体杂质和水，随后经超声波流量计计量进入注气压缩机组，增压后的天然气经注气干线输送到丛式井场并通过单井注入地层。

2　操作前准备

2.1　劳保穿戴整齐。

穿戴标准配置的劳保用品：安全帽帽壳、帽箍、顶带完好，后箍、下颌带调整松紧合适、固定可靠，女同志头发盘于帽内；工衣袖口、领口扣子扎紧；工鞋大小合适，鞋带绑扎松紧合适不落地。

2.2　工具、用具准备。

可燃气体检测仪、防爆对讲机、验漏壶、毛巾等，并保证对讲机和检测仪处于良好状态。

2.3　操作前的检查和确认。

2.3.1　供配电系统已投运正常。已实现双电源、双回路供电；仪表电源稳定运行。

2.3.2　仪表风、氮气系统运行正常，压力、流量、露点等参数合格。

2.3.3　自控仪表系统已投运正常。ESDV 紧急切断阀处于开启状态；BDV 紧急关闭阀处于关闭状态，BDV 上游控制阀处于开启状态；安全联锁逻辑处于投运状态；所有测量仪表、设备处于正常工作状态。

2.3.4　通信系统运行正常，无线防爆对讲机、所有固定电话与指挥部通信畅通。

2.3.5　消防系统、安全控保装置投运正常。灭火器、各单元固定式可燃气体检测仪、便携式可燃气体检测仪、正压空气呼吸器配备到位并处于完好状态；消防水系统可靠投用；安全阀处于有效期内。

2.3.6　放空系统、排污系统投运正常。阀门开关灵活，阀位状态正确；火炬自动点火系统已投用。

2.3.7　工艺流程和所有阀门开关状态与中控室核实一致。

2.3.8　确认接到了调控中心指令后或调控中心同意流程切换，并办理相关操作票。

3　操作步骤(图 2-1)

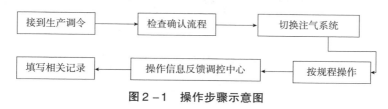

图 2-1　操作步骤示意图

3.1　切换注气流程。

3.1.1　将 SCADA 系统中控室人机界面切换至注气系统。

3.1.2　进站区域流程切换：打开气源管线来气阀门。

3.1.3　分离区域流程切换：打开天然气去旋风分离器、过滤分离器进出口阀门。

3.1.4　计量区域流程切换：打开计量支路上下游阀门(可通过打开计量管汇连通阀进行计量支路的切换)。

3.1.5　压缩区流程切换：开启计量去压缩机进、出口管线之间的连通阀。

3.1.6　去丛式井场流程切换：打开注采站内去丛式井场的出站阀门(通过出压缩机房汇管连通阀的切换实现对不同丛式井场的注气)。

3.2　压缩机启机注气。

3.2.1　确认注采站、丛式井场流程已导通，按压缩机操作规程启机、加载。

3.2.2　做好记录，内容包括：开机原因、开机数量、机组名称、开井井号、上游来气压力、压缩机末级出口压力、注气管汇压力、注气量等。

4　操作要点

4.1　注气系统倒流程应按照"两端关断、站内打通，先开来气、再开单井、逐级验漏、最后调整"的原则进行操作，操作步骤按来气从上游到下游，不交叉作业。

4.2　压缩机加载前应使机组达到加载条件，方可加载。

4.3　倒流程时应考虑高低压分界点处内漏问题，低压端应有可自动泄压装置。

4.4　注气系统投运后，注意观察并调整注气系统、注气压缩机及注气井各参数，直至运行正常。

4.5　操作完成后向调控中心进行汇报。

5　安全注意事项

5.1　操作阀门时，应侧身操作。

5.2　注气生产过程中，应加密巡检。

5.3　回流调节阀应处于自动调节状态，以防超压，造成压缩机停机事故。

5.4　开启后，应对操作过的阀门进行验漏，调整阀门开关指示牌，并和中控室核实一致。

6　突发事件应急处置

6.1　现场如出现天然气泄漏时，应立即停止作业，妥善处理现场。

6.2　如事件不可控时，应立即启动站场《应急处置预案》进行处理。

项目二 注气系统停运操作

1 项目简介

接调控中心通知需要停止注气时，按程序停运压缩机，关闭注气系统流程，停止对注气井注气。

2 操作前准备

2.1 劳保穿戴整齐。

穿戴标准配置的劳保用品：安全帽帽壳、帽箍、顶带完好，后箍、下颌带调整松紧合适、固定可靠，女同志头发盘于帽内；工衣袖口、领口扣子扎紧；工鞋大小合适，鞋带绑扎松紧合适不落地。

2.2 工具、用具准备。

可燃气体检测仪、防爆对讲机、验漏壶、毛巾等，并保证对讲机和检测仪处于良好状态。

2.3 操作前的检查和确认。

2.3.1 接到调控中心指令后，与变电所联系，调整用电负荷。

2.3.2 与丛式井场联系，记录各注气井关井前的油压、套压、温度等相关参数，做好关井准备。

2.3.3 确认接到了调控中心指令后或调控中心同意流程切换。

3 操作步骤

3.1 按压缩机停机操作规程停压缩机。

3.2 关闭气源管线来气阀门。

3.3 关闭去丛式井场注气管段阀门，计量管段上游阀门，记录各流量计底数。

3.4 检查旋风分离器、过滤分离器、污水罐液位，当液位超过1/2时，需进行排液。

3.5 观察注气汇管压力下降情况，检查注气系统有无内漏、外漏现象。

3.6 做好记录并向调控中心汇报：停机原因、停机数量、机组名称、关井井号等。

4 操作要点

4.1 严格按操作程序进行操作，先停注气压缩机，再关注气井。

4.2 现场确认阀门关闭到位。

4.3 操作完成后向调控中心汇报。

5 安全注意事项

5.1 操作阀门时，应侧身操作。

5.2 停运后，应对操作过的阀门进行验漏，调整阀门开关指示牌，并和中控室核实一致。

6 突发事件应急处置

6.1 现场如出现天然气泄漏时，应立即停止作业，妥善处理现场。

6.2 如事件不可控制时，应立即启动站场《应急处置预案》进行处理。

项目三 采气系统投运操作

1 项目简介

接调控中心通知需要采气时，地下采出的天然气经站内采气阀组，由空冷器换热后进入旋风分离器和过滤分离器，随后进入吸收塔，经三甘醇溶液吸收满足水露点要求后，由缓冲罐进行分离，最后通过超声波流量计计量并外输到管道系统。

2　操作前准备

2.1　劳保穿戴整齐。

穿戴标准配置的劳保用品：安全帽帽壳、帽箍、顶带完好，后箍、下颌带调整松紧合适、固定可靠，女同志头发盘于帽内；工衣袖口、领口扣子扎紧；工鞋大小合适，鞋带绑扎松紧合适不落地。

2.2　工具、用具准备。

可燃气体检测仪、防爆对讲机、验漏壶、毛巾等，并保证对讲机和检测仪处于良好状态。

2.3　操作前的检查和确认。

2.3.1　供配电系统已投运正常。已实现双电源、双回路供电；仪表电源稳定运行。

2.3.2　仪表风、氮气系统运行正常，压力、流量、露点等参数合格。

2.3.3　自控仪表系统已投运正常。ESDV 紧急切断阀处于开启状态；BDV 紧急关闭阀处于关闭状态，BDV 上游控制阀处于开启状态；安全联锁逻辑处于投运状态；所有测量仪表、设备处于正常工作状态。

2.3.4　通信系统运行正常，无线防爆对讲机、所有固定电话与指挥部通信畅通。

2.3.5　消防系统、安全控保装置投运正常。灭火器、各单元固定式可燃气体检测仪、便携式可燃气体检测仪、正压空气呼吸器配备到位并处于完好状态；消防水系统可靠投用；安全阀处于有效期内。

2.3.6　放空系统、排污系统已投运正常。阀门开关灵活，阀位状态正确；火炬自动点火系统已投用。

2.3.7　工艺流程和所有阀门开关状态与中控室核实一致。

2.3.8　确认接到了调控中心指令后或调控中心同意流程切换，并办理相关操作票。

3　操作步骤（图2-2）

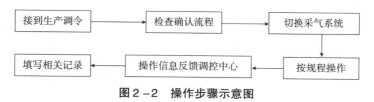

图2-2　操作步骤示意图

3.1　切换注气流程。

3.1.1　将 SCADA 系统中控室人机界面切换至采气系统。

3.1.2　进站区流程切换：打开丛式井场来气至分离单元控制阀门。

3.1.3　分离区：打开天然气去空冷器、旋风分离器、过滤分离器进出口阀门（可根据气量大小选择开启分离器个数，根据天然气温度确定空冷器运行）。

3.1.4　脱水区：打开天然气去脱水单元进出口阀门。

3.1.5　计量区：打开计量支路上下游阀门（可根据气量大小选择开启计量支路个数，也可通过计量管汇连通阀进行计量支路切换）。

3.1.6　外输出站：打开计量后控制阀门至采气外输流程。

3.1.7　开井。

4 操作要点

4.1 采气系统倒流程应按照"逐级充压，先开来气，再开外输，最后调整"的原则进行操作，操作步骤按来气从上游到下游，不交叉作业。

4.2 当脱水撬重沸器再生温度上升至170℃以上时，准备开井。

4.3 采气系统投运后，注意观察并调整采气系统、三甘醇脱水撬及采气井、水露点各参数，直至运行正常。

4.4 操作完成后向调控中心进行汇报。

5 安全注意事项

5.1 操作阀门时，应侧身操作。

5.2 采气生产过程中，应加密巡检。

5.3 在各单井开井采气前应先打开注醇撬进行注醇防冻堵。

5.4 对操作过的阀门进行验漏，调整阀门开关指示牌，并与中控室核实一致。

6 突发事件应急处置

6.1 现场如出现天然气泄漏时，应立即停止作业，妥善处理现场。

6.2 如事件不可控制时，应立即启动站场《应急处置预案》进行处理。

项目四 采气系统停运操作

1 项目简介

接调控中心通知需要停止采气时，按程序关闭丛式井场各单井采气系统流程停止采气。

2 操作前准备

2.1 劳保穿戴整齐。

穿戴标准配置的劳保用品：安全帽帽壳、帽箍、顶带完好，后箍、下颌带调整松紧合适、固定可靠，女同志头发盘于帽内；工衣袖口、领口扣子扎紧；工鞋大小合适，鞋带绑扎松紧合适不落地。

2.2 工具、用具准备。

可燃气体检测仪、防爆对讲机、验漏壶、毛巾等，并保证对讲机和检测仪处于良好状态。

2.3 操作前的检查和确认。

2.3.1 与丛式井场联系，记录各采气井关井前的油压、套压、温度等相关参数，做好关井准备。

2.3.2 确认接到了调控中心指令或调控中心同意。

3 操作步骤

3.1 关闭丛式井场各采气井单井采气流程。

3.2 按三甘醇脱水撬停运操作规程停运。

3.3 关闭注采站丛式井场采气流程控制阀门，计量管段上游阀门，记录各流量计底数。

3.4 关闭去外输采气流程控制阀门。

4 操作要点

4.1 按操作规程脱水撬达到停车条件时，脱水装置停运。

4.2 检查过滤分离器(旋风分离器)、采出水罐液位，当液位超过1/2时，需进行排液。

4.3　操作完成后向调控中心汇报：停采原因、脱水装置停运时间、各井关井时间、关井井号等。

5　安全注意事项

5.1　操作阀门时，应侧身操作。

5.2　对操作过的阀门进行验漏，调整阀门开关指示牌，并与中控室核实一致。

6　突发事件应急处置

6.1　现场如出现天然气泄漏时，应立即停止作业，妥善处理现场。

6.2　如事件不可控制时，应立即启动站场《应急处置预案》进行处理。

项目五　站场一级停运作业

1　项目简介

ESD 也称安全联锁系统，是对石油化工等生产装置可能发生的危险或不采取措施将继续恶化的状态进行自动响应和干预，从而保障生产安全，避免造成重大人身伤害及重大财产损失的控制系统。

ESD 紧急关断系统划分为一级关断 ESD-1：站场泄压关断；二级关断 ESD-2：站场保压关断；三级关断 ESD-3：站场区域关断。

当站场发生重大事故、严重火灾及其他原因经人工确认后，通过 ESD 辅操台按下 ESD 一级关断(泄压关断)硬按钮或通过现场 ESD 按钮触发站场停运作业。

2　操作前准备

2.1　劳保穿戴整齐。

穿戴标准配置的劳保用品：安全帽帽壳、帽箍、顶带完好，后箍、下颌带调整松紧合适、固定可靠，女同志头发盘于帽内；工衣袖口、领口扣子扎紧；工鞋大小合适，鞋带绑扎松紧合适不落地。

2.2　工具、用具准备。

可燃气体检测仪、防爆对讲机、正压式空气呼吸器等，并保证对讲机和检测仪处于良好状态。

2.3　操作前的确认。

2.3.1　站内重大事故，严重的火灾报警，人工确认触发。

2.3.2　其他原因人工触发。

3　操作步骤

3.1　人工在 ESD 辅操台按下 HS-0001 关断硬按钮或在现场触发 ESD-0001、ESD-0002，ESD 一级关断开关，触发站场一级停运作业。

3.1.1　进站阀组单元：注采站内气源管线、注采站内丛式井场 ESDV 阀均关断。

3.1.2　分离脱水单元：分离单元前切断阀、吸收塔液相出口阀、吸收塔缓冲罐液相出口阀、脱水单元出口切断阀均关断。

3.1.3　成套设备：制氮机、自用气撬、三甘醇再生撬、压缩机组全部停车。

3.1.4　自动放空阀：分离单元、压缩机出口 BDV 放空阀自动打开放空。

3.2　操作完成后按照突发事件程序进行汇报。

4 操作要点

4.1 站内一级停运前，应对站内异常进行确认，避免误停运。

4.2 在安全条件允许前提下，可佩戴正压式空气呼吸器到现场对事故段进行流程切换，对 ESDV 阀、BDV 放空阀阀门状态进行确认，避免事态进一步扩大，并向调控中心进行汇报。

4.3 一级关断触发后向调控中心汇报，同时通知丛式井场关井停止注(采)气。

5 安全注意事项

5.1 站内发生重大事故停运后，若事故不在可控范围内，人员应立即撤离到安全区域，并向调控中心汇报。

5.2 在安全条件不允许情况下，禁止盲目进入事故现场。

6 突发事件应急处置

6.1 现场出现火灾爆炸时，应立即停止作业，妥善处理现场。

6.2 如事件不可控制时，应立即启动站场《应急处置预案》进行处理。

项目六 站场二级停运作业

1 项目简介

当站场主供电系统、仪表风系统故障及其他原因经人工确认后，通过 ESD 辅操台按下 ESD 二级关断硬按钮触发站场停运作业。

2 操作前准备

2.1 劳保穿戴整齐。

穿戴标准配置的劳保用品：安全帽帽壳、帽箍、顶带完好，后箍、下颌带调整松紧合适、固定可靠，女同志头发盘于帽内；工衣袖口、领口扣子扎紧；工鞋大小合适，鞋带绑扎松紧合适不落地。

2.2 工具、用具准备。

可燃气体检测仪、防爆对讲机、正压式空气呼吸器等，并保证对讲机和检测仪处于良好状态。

2.3 操作前的确认。

2.3.1 仪表风故障、主电源供电故障、火炬系统故障人工确认触发。

2.3.2 其他原因人工触发。

3 操作步骤

3.1 人工在 ESD 辅操台按下 ESD 二级关断(保压关断)、HS－0002 按钮触发站场二级停运作业。

3.1.1 进站阀组单元：注采站内气源管线、注采站内丛式井场 ESDV 阀均关断。

3.1.2 分离脱水单元：分离单元前切断阀、吸收塔液相出口阀、吸收塔缓冲罐液相出口阀、脱水单元出口切断阀均关断。

3.1.3 成套设备：制氮机、三甘醇再生撬、压缩机组全部停车。

3.2 需要泄压时，采取手动放空的方式分段进行。

3.3 操作完成后按照突发事件程序进行汇报。

4 操作要点

4.1 站内启动二级停运前，应对站内异常进行确认，避免误停运。

4.2　二级关断触发后向调控中心汇报，同时通知丛式井场关井停止注(采)气。

4.3　重点关注站场压力变化情况，在安全条件允许前提下，可佩戴正压式空气呼吸器到站内进行流程确认。

5　安全注意事项

5.1　未通知丛式井场关井，压力波动造成设备憋压或损坏。

5.2　ESDV 阀不能正常关闭，事故影响将扩大，损失进一步增大。

6　突发事件应急处置

6.1　现场出现火灾爆炸时，应立即停止作业，妥善处理现场。

6.2　如事件不可控制时，应立即启动站场《应急处置预案》进行处理。

项目七　站场三级停运作业

1　项目简介

当工艺装置区内重要设备故障或压缩机房内重要设备故障及其他原因经人工确认后，通过 ESD 辅操台按下 ESD 三级关断硬按钮或通过现场 ESD 按钮触发站场停运作业。

2　操作前准备

2.1　劳保穿戴整齐。

穿戴标准配置的劳保用品：安全帽帽壳、帽箍、顶带完好，后箍、下颌带调整松紧合适、固定可靠，女同志头发盘于帽内；工衣袖口、领口扣子扎紧；工鞋大小合适，鞋带绑扎松紧合适不落地。

2.2　工具、用具准备。

可燃气体检测仪、防爆对讲机、正压式空气呼吸器等，并保证对讲机和检测仪处于良好状态。

2.3　操作前的确认。

2.3.1　工艺装置区内重要设备故障人工确认触发。

2.3.2　压缩机房内重要设备故障人工确认触发。

2.3.3　其他原因人工触发。

3　操作步骤

3.1　工艺区停车。

人工在 ESD 辅操台按下 ESD 三级关断硬按钮 HS – 1001、HS – 1002 或通过现场 ESD 按钮 ESD – 1001、ESD – 1002 触发站场三级停运作业。

3.1.1　进站阀组单元：注采站内气源管线、注采站内丛式井场 ESDV 阀均关断。

3.1.2　分离脱水单元：分离单元前切断阀、吸收塔液相出口阀、吸收塔缓冲罐液相出口阀、脱水单元出口切断阀均关断。

3.1.3　成套设备停车：三甘醇再生撬，压缩机组。

3.2　压缩机房停车。

人工在 ESD 辅操台按下 ESD 三级关断硬按钮 HS – 2001 或通过现场 ESD 按钮 ESD – 2001、ESD – 2002、ESD – 2003、ESD – 2004 触发站场三级停运作业。

3.2.1　进站阀组单元：注采站内气源管线、注采站内丛式井场 ESDV 阀均关断。

3.2.2　分离脱水单元：分离单元前切断阀、吸收塔液相出口阀、吸收塔缓冲罐液相出口阀、脱水单元出口切断阀均关断。

3.2.3 成套设备停车：压缩机组。

4 操作要点

人工触发站内三级停运前，应对下游或站内异常进行确认，避免误停运。

5 安全注意事项

5.1 发生超压联锁自动关断时，应立即进行确认，查找是超压还是误停运，若是误停运应立即恢复。

5.2 当站内发生天然气泄漏启动 ESD 三级关断后，应立即通知其他值班人员，在安全条件允许、可控状态下查找泄漏点，关闭泄漏点上下游阀门。

6 突发事件应急处置

6.1 现场出现火灾爆炸时，应立即停止作业，妥善处理现场。

6.2 如事件不可控制时，应立即启动站场《应急处置预案》进行处理。

项目八 站场 ESD 流程恢复

1 项目简介

当执行站场 ESD 动作，触发站场停运作业时，接调控中心指令或获得调控中心授权，现场故障排除后对站场 ESD 流程恢复作业。

2 操作前准备

2.1 劳保穿戴整齐。

穿戴标准配置的劳保用品：安全帽帽壳、帽箍、顶带完好，后箍、下颌带调整松紧合适、固定可靠，女同志头发盘于帽内；工衣袖口、领口扣子扎紧；工鞋大小合适，鞋带绑扎松紧合适不落地。

2.2 工具、用具准备。

可燃气体检测仪、防爆对讲机、验漏壶、毛巾等，并保证对讲机和检测仪处于良好状态。

2.3 操作前的确认。

2.3.1 现场故障排除。

2.3.2 检查各设备仪表工作正常。

2.3.3 按调控中心指令进行 ESD 恢复。

3 操作步骤

3.1 站场 ESD 一级关断恢复。

3.1.1 恢复 ESD 复位按钮（站控室手操台、现场 ESD 触发按钮旋出，按下辅操台蓝色复位按钮）。

3.1.2 按照不带压启运作业对站场进行启运。

3.2 ESD 二级关断恢复。

3.2.1 恢复站控室手操台 ESD 复位按钮。

3.2.2 按照带压启运作业对站场进行启运。

3.3 ESD 三级关断恢复。

3.3.1 恢复 ESD 复位按钮（站控室手操台、现场 ESD 触发按钮旋出，按下辅操台蓝色复位按钮）。

3.3.2　按照带压启运作业对站场进行启运。

4　操作要点

确认现场故障排除，恢复 ESD 流程。

5　安全注意事项

5.1　自动放空时会排出大量天然气及产生噪声，易造成人身伤害。

5.2　手动放空时，应先打开根部阀，再缓慢打开节流截止放空阀。

6　突发事件应急处置

6.1　现场出现火灾爆炸时，应立即停止作业，妥善处理现场。

6.2　如事件不可控制时，应立即启动站场《应急处置预案》进行处理。

模块二　丛式井场启停作业

项目一　注采井开井注气操作

1　项目简介

当接到调控中心通知需要某注采井开井注气时，导通丛式井场该注采井注气工艺流程：压缩后的高压气自注采站通过集输管网经干线紧急关断阀、电动球阀、手动球阀、旋塞阀、止回阀，计量后，经井口安全切断阀、注采井(采气树)注入地下。

2　操作前准备

2.1　劳保穿戴整齐。

穿戴标准配置的劳保用品：安全帽帽壳、帽箍、顶带完好，后箍、下颌带调整松紧合适、固定可靠，女同志头发盘于帽内；工衣袖口、领口扣子扎紧；工鞋大小合适，鞋带绑扎松紧合适不落地。

2.2　工具、用具准备。

可燃气体检测仪、防爆对讲机、验漏壶、毛巾等，并保证对讲机和检测仪处于良好状态。

2.3　操作前的确认。

2.3.1　检查确认井口控制柜、井口安全切断阀压力处于开启状态，参数正常、油位在 1/3~2/3，无报警、无渗油现象。

2.3.2　检查确认采气树生产阀、测试阀、采气调压阀组、管汇进单井球阀处于关闭状态，其余阀门处于开启状态。

2.3.3　检查确认 ESDV、计量仪表处于投运状态。

2.3.4　检查确认机柜间安全仪表系统切换至注气系统运行正常，无报警现象。

2.3.5　阀门开关状态与中控室、现场开关指示牌相一致。

3　操作步骤

3.1　接调控中心开井指令，记录通知人、通知时间、开井井号和相关要求。

3.2　录取开井前油压、套压。

3.3　依次打开采气树生产阀、管汇进单井球阀。

3.4　检查确认流程及压力、温度、流量参数，并与中控室核实。

3.5　调整阀门开关指示牌，做好开井记录，向调控中心汇报开井前油压、套压，开井时间，操作人。

4　操作要点

4.1　注气流程切换正确。

4.2　球阀、闸阀应全开到位，禁止处于节流状态。

5　安全注意事项

5.1　操作阀门时，应侧身操作。

5.2　注气时密切关注注气联锁相关关断值，严禁出现误关断现象。

6　突发事件应急处置

6.1　现场出现火灾爆炸时，应立即停止作业，妥善处理现场。

6.2　如事件不可控制时，应立即启动站场《应急处置预案》进行处理。

项目二　注采井关井停注操作

1　项目简介

当接到调控中心通知需要某注采井关井停止注气时，关闭丛式井场该注采井注气工艺流程停止注气。

2　操作前准备

2.1　劳保穿戴整齐。

穿戴标准配置的劳保用品：安全帽帽壳、帽箍、顶带完好，后箍、下颌带调整松紧合适、固定可靠，女同志头发盘于帽内；工衣袖口、领口扣子扎紧；工鞋大小合适，鞋带绑扎松紧合适不落地。

2.2　工具、用具准备。

可燃气体检测仪、防爆对讲机、验漏壶、毛巾等，并保证对讲机和检测仪处于良好状态。

2.3　操作前检查确认。

2.3.1　检查确认井口控制柜、井口安全切断阀压力处于开启状态，参数正常、油位在1/3～2/3，无报警、无渗油现象。

2.3.2　检查确认井场流程阀门开关到位、无渗漏现象，与中控室、现场开关指示牌相一致。

2.3.3　检查确认井场流程压力表、压力变送器、温度变送器显示正常，与中控室相一致。

2.3.4　检查确认机柜间运行正常，无报警现象。

3　操作步骤

3.1　接调控中心关井指令，记录通知人、通知时间、关井井号及其他要求。

3.2　录取关井前油压。

3.3　关闭管汇进单井球阀、采气树生产阀。

3.4　检查确认流程及压力、温度、流量参数，并与中控室核实。

3.5　调整阀门开关指示牌，做好关井记录，向调控中心汇报关井前油压、关井时间、操作人。

4　操作要点

关井后应再次确认流程，确保操作无误。

5　安全注意事项

5.1　检查确认流程无内漏现象。

5.2　操作后及时调整阀门开关指示牌，防止误操作。

6　突发事件应急处置

6.1　现场出现火灾爆炸时，应立即停止作业，妥善处理现场。

6.2　如事件不可控制时，应立即启动站场《应急处置预案》进行处理。

项目三　注采井开井采气操作

1　项目简介

当接到调控中心通知需要某注采井开井采气时，导通丛式井场该注采井采气工艺流程：天然气从地层采出，经采气树、井口安全切断阀，计量后，经电动角式节流阀、电动调流阀、手动球阀，通过集输管网电动球阀、干线 ESD 紧急关断阀反输注采站。

2　操作前准备

2.1　劳保穿戴整齐。

穿戴标准配置的劳保用品：安全帽帽壳、帽箍、顶带完好，后箍、下颌带调整松紧合适、固定可靠，女同志头发盘于帽内；工衣袖口、领口扣子扎紧；工鞋大小合适，鞋带绑扎松紧合适不落地。

2.2　工具、用具准备。

可燃气体检测仪、防爆对讲机、验漏壶、毛巾等等，并保证对讲机和检测仪处于良好状态。

2.3　操作前检查确认。

2.3.1　检查确认井口控制柜、井口安全切断阀压力参数正常、油位在 1/3～2/3、无报警、无渗油现象，地面 WSSV 阀、井下 SCSSV 阀、井口安全切断阀处于开启状态且与中控室显示一致。

2.3.2　检查确认井场流程阀门开关到位、开关灵活、无渗漏现象，与中控室、现场开关指示牌相一致。

2.3.3　检查确认井场流程压力表、压力变送器、温度变送器显示正常，与中控室核实一致。

2.3.4　检查确认甲醇撬甲醇储罐液位在 1/3 以上，机箱、连接体油位在 2/3 处，电源指示正常，无渗漏现象。

2.3.5　检查确认机柜间安全逻辑系统切换至采气系统，运行正常、无报警现象。

3　操作步骤

3.1　接调控中心开井指令，记录通知人、通知时间、开井井号、开井气量及其他要求。

3.2　录取开井前油压。

3.3　开井前 20min 按 25% 的排量启动注醇泵注醇，记录启泵时间和启泵前储罐液位。

3.4　依次打开单井进管汇球阀、采气树生产阀、远程全开 FV 调流阀。

3.5　按开井气量，远程调整 HFV 角式节流阀阀位开度，直至所开气量。

3.6　检查确认流程及压力、温度、流量参数，并与中控室核实。

3.7　更换阀门开关指示牌，做好开井记录，向调控中心汇报开井前油压、开井时间、开井气量、操作人。

4　操作要点

生产运行中井口节流后温度低于 0℃时，按 10%～15% 的排量启动注醇泵注醇，当节流后温度达到 0℃以上停注。

5　安全注意事项

5.1　球阀、闸阀应全开到位，禁止处于节流状态。

5.2　FV 调流阀、HFV 角式节流阀处于远控状态。

6　突发事件应急处置

6.1　现场出现火灾爆炸时，应立即停止作业，妥善处理现场。

6.2　如事件不可控制时，应立即启动站场《应急处置预案》进行处理。

项目四　注采井关井停采操作

1　项目简介

当接到调控中心通知需要某注采井关井停止采气时，关闭丛式井场该注采井采气工艺流程，停止采气。

2　操作前准备

2.1　劳保穿戴整齐。

穿戴标准配置的劳保用品：安全帽帽壳、帽箍、顶带完好，后箍、下颌带调整松紧合适、固定可靠，女同志头发盘于帽内；工衣袖口、领口扣子扎紧；工鞋大小合适，鞋带绑扎松紧合适不落地。

2.2　工具、用具准备。

可燃气体检测仪、防爆对讲机、验漏壶、毛巾等，并保证对讲机和检测仪处于良好状态。

2.3　操作前检查确认。

2.3.1　检查确认井口控制柜、井口安全切断阀压力参数正常、油位在 1/3～2/3，无报警、无渗油现象。

2.3.2　检查确认井场流程阀门开关到位、无渗漏现象，与中控室、现场开关指示牌相一致。

2.3.3　检查确认井场流程压力表、压力变送器、温度变送器显示正常，与中控室相一致。

2.3.4　检查确认甲醇撬甲醇储罐液位在 1/3 以上，机箱、连接体油位在 2/3 处，电源指示正常，无渗漏现象。

2.3.5　检查确认机柜间运行正常、无报警现象。

3　操作步骤

3.1　接调控中心关井指令，记录通知人、通知时间、关井井号及其他要求。

3.2　录取关井前油压。

3.3　远程依次关闭 HFV 角式节流阀、FV 调流阀。

3.4　关闭采气树生产阀，关闭单井进管汇球阀。

3.5　检查确认流程及压力、温度、流量参数，并与中控室核实。

3.6　更换阀门开关指示牌，做好关井记录，向调控中心汇报关井前油压、关井时间、操作人。

4　操作要点

冬季关井后，按 10%～15% 的排量启动注醇泵注醇 20min。

5　安全注意事项

5.1　检查确认流程无内漏现象。

5.2　操作后及时更换阀门开关指示牌，防止误操作。

6　突发事件应急处置

6.1　现场出现火灾爆炸时，应立即停止作业，妥善处理现场。

6.2　如事件不可控制时，应立即启动站场《应急处置预案》进行处理。

模块三 站场放空作业

项目一 站场手动放空

1 项目简介

当站场设备检修作业放空或站场管线设备发生刺漏等突发事件，采取紧急放空作业，降低安全风险、减小事故损失或人身伤害。

2 操作前准备

2.1 劳保穿戴整齐。

穿戴标准配置的劳保用品：安全帽帽壳、帽箍、顶带完好，后箍、下颌带调整松紧合适、固定可靠，女同志头发盘于帽内；工衣袖口、领口扣子扎紧；工鞋大小合适，鞋带绑扎松紧合适不落地。

2.2 工具、用具准备。

可燃气体检测仪、防爆对讲机、防毒面具、验漏壶、毛巾、耳塞、警戒线等，并保证对讲机和检测仪处于良好状态。

2.3 操作前的检查和确认。

2.3.1 站场放空（点火）系统正常。

2.3.2 站场各类设备手动放空阀运行操作灵活，密封性能好，使用状态良好。

2.3.3 站场各类仪器、仪表运行正常，能准确检测和显示数据。

2.3.4 站场通信信道保持畅通，工作状态稳定可靠，各类站内通信设备保持畅通，如对讲机、程控电话机等。

2.3.5 各类操作工具及设备专用工具准备齐全、完好，摆放整齐。

2.3.6 消防器材准备齐全、完好，摆放整齐。

2.3.7 接调控中心指令或授权后，值班人员做好记录。

3 操作步骤

3.1 关闭站场设备上下控制阀。

3.2 全开根部控制阀，缓慢打开节流截止放空阀，控制适当的放空流量，直至压力回零。

3.3 关闭节流截止放空阀、根部控制阀。

3.4 操作完毕后向调控中心汇报，并做好值班记录。

4 操作要点

4.1 放空时应缓慢操作节流截止放空阀控制放空流量。

4.2 放空结束后，根据安排恢复流程。

5 安全注意事项

5.1 根据现场情况安排警戒人员。

5.2 因特殊作业进行放空时，200m 范围内严禁有行人和明火。

5.3 放空噪声过大做好防护，避免造成人身伤害。

6　突发事件应急处置

6.1　现场出现火灾爆炸时，应立即停止作业，妥善处理现场。

6.2　如事件不可控制时，应立即启动站场《应急处置预案》进行处理。

项目二　站外管线放空

1　项目简介

当站外管线检修作业放空或站外管线发生刺漏、爆管等突发事件，采取紧急放空作业，降低安全风险、减小事故损失或人身伤害。

2　操作前准备

2.1　劳保穿戴整齐。

穿戴标准配置的劳保用品：安全帽帽壳、帽箍、顶带完好，后箍、下颌带调整松紧合适、固定可靠，女同志头发盘于帽内；工衣袖口、领口扣子扎紧；工鞋大小合适，鞋带绑扎松紧合适不落地。

2.2　工具、用具准备。

可燃气体检测仪、防爆对讲机、防毒面具、验漏壶、毛巾、耳塞、警戒线等，并保证对讲机和检测仪处于良好状态。

2.3　操作前的检查和确认。

2.3.1　站场放空火炬系统正常。

2.3.2　站场各类设备手动放空阀运行操作灵活，密封性能好，使用状态良好。

2.3.3　站场各类仪器、仪表运行正常，能准确检测和显示数据。

2.3.4　站场通信信道保持畅通，工作状态稳定可靠，各类站内通信设备保持畅通，如对讲机、程控电话机等。

2.3.5　各类操作工具及设备专用工具准备齐全、完好，摆放整齐。

2.3.6　消防器材准备齐全、完好，摆放整齐。

2.3.7　接调控中心指令或授权后，值班人员做好记录。

3　操作步骤

3.1　关闭站外管线上下控制阀。

3.2　全开根部控制阀，缓慢打开节流截止放空阀，控制适当的放空流量，直至压力回零。

3.3　关闭节流截止放空阀、根部控制阀。

3.4　操作完毕后向调控中心汇报，并做好值班记录。

4　操作要点

4.1　放空时应缓慢操作节流截止放空阀控制放空流量。

4.2　放空结束后，根据安排恢复流程。

5　安全注意事项

5.1　根据现场情况安排警戒人员。

5.2　因特殊作业进行放空时，200m 范围内严禁有行人和明火。

5.3　放空噪声过大做好防护，避免造成人身伤害。

6　突发事件应急处置

6.1　现场出现火灾爆炸时，应立即停止作业，妥善处理现场。

6.2　如事件不可控制时，应立即启动站场《应急处置预案》进行处理。

模块四　站场排污作业

项目一　进站分离器排污作业

1　项目简介

分离内件采用多通道的不锈钢折板，携带液滴的气体进入一组间距很小、流道曲折的板组，气体被迫绕流。由于气流方向的改变和液体的惯性，使液滴碰到经常润湿的板组结构表面上，与表面上的液膜聚结成较大的液滴，靠重力沉降至集液部分。板组内气体流通面积不断改变，当在面积小的板组内流通时，雾滴随气流不断地提高速度，获得产生惯性力的能量。气流在分离内件中不断改变方向，反复改变速度，造成雾滴与结构表面的碰撞、聚结，而从气体中分离出来。当液位达到 1/2～2/3 时应进行排污作业。

2　操作前准备

2.1　劳保穿戴整齐。

穿戴标准配置的劳保用品：安全帽帽壳、帽箍、顶带完好，后箍、下颌带调整松紧合适、固定可靠，女同志头发盘于帽内；工衣袖口、领口扣子扎紧；工鞋大小合适，鞋带绑扎松紧合适不落地。

2.2　工具、用具准备。

可燃气体检测仪、防爆对讲机、验漏壶、毛巾等，并保证对讲机和检测仪处于良好状态。

2.3　操作前的检查和确认。

2.3.1　进站分离器排污阀处于关闭状态。

2.3.2　仪器、仪表运行正常，能准确检测和显示数据。

2.3.3　排污阀门操作灵活，密封性能好，使用状态良好。

2.3.4　排污罐液位检测正常，安全阀等辅助设备正常，排污总阀处于打开状态。

3　操作步骤

3.1　打开进站分离器根部排污球阀，再缓慢打开阀套式排污阀，进行排污操作。

3.2　倾听流体声音，当听到有排气声音时迅速关闭阀套式排污阀、根部排污球阀。

3.3　操作完毕后向中控室汇报，并做好记录。

4　操作要点

4.1　排污前应确认排污罐排污流程畅通。

4.2　排污作业前后应记录排污罐液位高度。

5　安全注意事项

5.1　开关阀门应侧身操作。

5.2　在线排污应缓慢打开阀套式排污阀，并控制阀门开度，以防大量天然气泄漏，冲击设备、损坏阀门，憋爆排污罐。

5.3　排污阀未关严导致污水、气体泄漏，污染环境，着火爆炸，造成人身伤害。

6　突发事件应急处置

6.1　现场出现火灾爆炸时，应立即停止作业，妥善处理现场。

6.2　如事件不可控制时，应立即启动站场《应急处置预案》进行处理。

项目二　旋风分离器排污作业

1　项目简介

气体从进料口（正反两个切向进料）进入分离器进料布气室，经过旋风子支管的碰撞、折流，使气流均匀分布，流向旋风子进气口。均布后的气流由切向进入旋风子，气体在旋风中形成旋风气流，强大的离心力使气体中的固液体颗粒被甩出来，并聚集到旋风管内壁上，最终落入集污室中。干净的气流继续上升到排气室由排气口流出旋风分离器。当液位达到1/2～2/3时应进行排污作业。

2　操作前准备

2.1　劳保穿戴整齐。

穿戴标准配置的劳保用品：安全帽帽壳、帽箍、顶带完好，后箍、下颌带调整松紧合适、固定可靠，女同志头发盘于帽内；工衣袖口、领口扣子扎紧；工鞋大小合适，鞋带绑扎松紧合适不落地。

2.2　工具、用具准备。

可燃气体检测仪、防爆对讲机、验漏壶、毛巾等，并保证对讲机和检测仪处于良好状态。

2.3　操作前的检查和确认。

2.3.1　旋风分离器排污阀处于关闭状态。

2.3.2　仪器、仪表运行正常，能准确检测和显示数据。

2.3.3　排污阀门操作灵活，密封性能好，使用状态良好。

2.3.4　排污罐液位检测正常，安全阀等辅助设备正常，排污总阀处于打开状态。

3　操作步骤

3.1　打开旋风分离器根部排污球阀，再缓慢打开阀套式排污阀，进行排污操作。

3.2　倾听流体声音，当听到有排气声音时迅速关闭阀套式排污阀、根部球阀。

3.3　操作完毕后向中控室汇报，并做好记录。

4　操作要点

4.1　排污前应确认排污罐排污流程畅通。

4.2　排污作业前后应记录排污罐液位高度。

5　安全注意事项

5.1　开关阀门应侧身操作。

5.2　在线排污应缓慢打开阀套式排污阀，并控制阀门开度，以防大量天然气泄漏、冲击设备、损坏阀门，憋爆排污罐。

5.3　排污阀未关严导致污水、气体泄漏，污染环境，着火爆炸，造成人身伤害。

6　突发事件应急处置

6.1　现场出现火灾爆炸时，应立即停止作业，妥善处理现场。

6.2　如事件不可控制时，应立即启动站场《应急处置预案》进行处理。

项目三　过滤分离器排污作业

1　项目简介

天然气进入进料布气腔，气体首先撞击在支撑滤芯的支撑管上，较大的固液颗粒被初步分离，并在重力的作用下沉降到容器底部。接着气体从外向里通过过滤聚结滤芯，固体颗粒被过滤介质截留，液体颗粒则因过滤介质聚结功能而在滤芯的内表面逐渐聚结长大。当液滴达到一定尺寸时会因气流的冲击作用从内表面脱落出来而进入滤芯内部流道，再进入汇流出料腔。在汇流出料腔内，较大的液珠依靠重力沉降分离出来。当液位达到1/2 ~ 2/3时应进行排污作业。

2　操作前准备

2.1　劳保穿戴整齐。

穿戴标准配置的劳保用品：安全帽帽壳、帽箍、顶带完好，后箍、下颌带调整松紧合适、固定可靠，女同志头发盘于帽内；工衣袖口、领口扣子扎紧；工鞋大小合适，鞋带绑扎松紧合适不落地。

2.2　工具、用具准备。

可燃气体检测仪、防爆对讲机、验漏壶、毛巾等，并保证对讲机和检测仪处于良好状态。

2.3　操作前的检查和确认。

2.3.1　过滤分离器排污阀处于关闭状态。

2.3.2　仪器、仪表运行正常，能准确检测和显示数据。

2.3.3　排污阀门操作灵活，密封性能好，使用状态良好。

2.3.4　排污罐液位检测正常，安全阀等辅助设备正常，排污总阀处于打开状态。

3　操作步骤

3.1　打开过滤分离器上腔室根部排污球阀，再缓慢打开阀套式排污阀，进行上腔室排污操作。

3.2　倾听流体声音，当听到有排气声音时迅速关闭上腔室根部排污球阀、阀套式排污阀。

3.3　打开过滤分离器下腔室根部排污球阀，再缓慢打开阀套式排污阀，进行下腔室排污操作。

3.4　倾听流体声音，当听到有排气声音时迅速关闭下腔室根部排污球阀、阀套式排污阀。

3.5　操作完毕后向中控室汇报，并做好记录。

4　操作要点

4.1　排污前应确认排污罐排污流程畅通。

4.2　排污作业前后应记录排污罐液位高度。

5　安全注意事项

5.1　开关阀门应侧身操作。

5.2　在线排污应缓慢打开阀套式排污阀，并控制阀门开度，以防大量天然气泄漏，冲击设备、损坏阀门，憋爆排污罐。

5.3　排污阀未关严导致污水、气体泄漏，污染环境，着火爆炸，造成人身伤害。

6　突发事件应急处置

6.1　现场出现火灾爆炸时，应立即停止作业，妥善处理现场。

6.2　如事件不可控制时，应立即启动站场《应急处置预案》进行处理。

模块五　站场巡检作业

项目一　站场巡回检查

1　项目简介

巡回检查作为企业安全生产的一项重要工作，在保证设备运行的完整性，及时发现事故隐患方面发挥着举足轻重的作用。通过巡回检查掌握生产过程中各风险点源及重要部位设备运行状态，取全取准生产资料，分析、判断生产情况，处理现场安全隐患，保障站场安全生产。

2　操作前准备

2.1　劳保穿戴整齐。

穿戴标准配置的劳保用品：安全帽帽壳、帽箍、顶带完好，后箍、下颌带调整松紧合适、固定可靠，女同志头发盘于帽内；工衣袖口、领口扣子扎紧；工鞋大小合适，鞋带绑扎松紧合适不落地。

2.2　工具、用具准备。

巡检包、巡检记录本、记录笔、可燃气体检测仪、防爆对讲机、防毒面具、防爆扳手、验漏壶、毛巾、防爆手电（夜间携带）等，并保证对讲机和检测仪处于良好状态。

2.3　操作前的检查和确认。

2.3.1　对讲机和检测仪处于良好状态。

2.3.2　验漏液充足，验漏壶完好。

2.3.3　防爆手电电量充足，灯光完好。

3　操作步骤

3.1　进场：值班人员定时、定点，按照站场巡检路线图箭头方向进行巡检。

3.2　检查：按单元进行逐台设备检查。

3.3　分析汇报：依据设备压力、温度及运行参数，及时发现异常问题并汇报处理。

3.4　填写报表。

4　操作要点

4.1　值班人员应按巡回检查路线，本着路线顺畅、不重复、不遗漏的原则进行站场巡检。

4.2　严格按照巡检表内容和巡检路线依次逐点进行巡检，巡检表规定的所有点均应巡检到位。

4.3　检查内容。

4.3.1　进出站阀组单元：检查各支路温度、压力等运行参数是否正常；阀门开关状态是否与中控室一致；有无跑、冒、滴、漏、脏、松、缺、锈现象。

4.3.2　计量单元：检查计量各支路温度、压力、流量等运行参数是否正常；各计量支路开关状态是否与中控室一致；有无跑、冒、滴、漏、脏、松、缺、锈现象。

4.3.3 分离脱水单元：检查各支路温度、压力（差压）、液位等运行参数是否正常；阀门开关状态是否与中控室一致；有无跑、冒、滴、漏，脏、松、缺、锈现象。

4.3.4 消防泵房：检查控制柜指示灯、阀门开关是否正常、控制模式是否处于"自动"模式；消防管网压力是否正常；柴油机消防泵连接是否紧固；柴油机机油油位、冷却液液位、燃油油位是否在规定范围内；有无跑、冒、滴、漏，脏、松、缺、锈现象。

4.3.5 空氮间：检查空压机运行状态、压力状态、冷却剂液位是否正常；干燥剂运行状态是否正常；制氮机运行状态、流量是否正常。

4.3.6 压缩机组：检查机组压力、温度、液位、振动等运行状态参数是否正常；有无异常报警；有无跑、冒、滴、漏、脏、松、缺、锈现象。

4.4 巡检人员按照巡检内容和标准，将设备运行情况记录在巡检表中。

5 安全注意事项

5.1 严格按照巡检路线进场，严禁翻越、钻爬、倚坐管线或设施。

5.2 投产期间、生产不平稳、重大节日、冬季恶劣天气、设备出现异常等特殊情况下加密巡检次数。

5.3 发现异常及时汇报，严禁擅自在无人监护情况下自行处理。

6 突发事件应急处置

6.1 现场出现火灾爆炸时，应立即停止作业，妥善处理现场。

6.2 如事件不可控制时，应立即启动站场《应急处置预案》进行处理。

项目二 生产报表的填写

1 项目简介

生产报表是生产进度、生产平衡、生产效率的反映，通过记录各项生产参数正确填写生产报表，为生产运行分析提供依据。

2 操作前准备

2.1 工具、用具准备。

记录纸、记录笔、计算器、生产报表等。

2.2 操作前的检查和确认。

2.2.1 记录用笔与报表填写要求一致。

2.2.2 报表填写完整规范，无漏项、缺项及涂改现象。

2.2.3 报表无褶皱、破损现象。

3 操作步骤

3.1 参数记录。将压力、温度、流量及其他参数按要求填入生产报表。

3.2 调控中心记录。将调控中心指令、生产情况等有关资料数据填入生产报表。

3.3 核算数据。将所填参数进行核算，确保各项参数无误。

3.4 上传。将生产报表数据，通过报表系统上传至上级数据库。

4 操作要点

4.1 报表填写应完整规范，确保数据齐全、真实、准确。

4.2 按规定时间、要求及时上报。禁止出现迟报、漏报现象。

5 安全注意事项

记录报表做到清晰、正确、严禁涂改，并及时存档，所有记录用仿宋体书写工整，以备复查。

6 突发事件应急处置

6.1 报表系统出现故障无法正常上传时，应及时通知站长，并向调控中心汇报情况。

6.2 计量报表出现差错时，应及时查明原因并核实纠正。

项目三 交接班作业

1 项目简介

严格交接班过程管理，是明确交接班双方的权利和义务，避免推诿、扯皮现象，保证站场生产安全稳定运行的一项重点工作。按时按质进行交接班，可有效确保各项工作有序开展。

2 操作前准备

2.1 劳保穿戴整齐。

穿戴标准配置的劳保用品：安全帽帽壳、帽箍、顶带完好，后箍、下颌带调整松紧合适、固定可靠，女同志头发盘于帽内；工衣袖口、领口扣子扎紧；工鞋大小合适，鞋带绑扎松紧合适不落地。

2.2 工具、用具准备。

巡检包、巡检记录本、记录笔、可燃气体检测仪、防爆对讲机、防毒面具、验漏壶、毛巾、防爆手电(夜间携带)等，并保证对讲机和检测仪处于良好状态。

2.3 操作前的检查和确认。

2.3.1 熟悉生产情况，了解运行参数、资料情况，确认生产报表无涂改，压力、温度、气量等参数记录准确，运行正常。

2.3.2 岗位卫生清洁。

2.3.3 工具、用具和消防器材设施齐全。

2.3.4 及时处理当班遗留的问题。

3 操作步骤

3.1 接班人员进行班前检查，熟悉生产情况。

3.2 交接班长讲清本班生产情况，接班班长提出接班前检查问题，交班班长答疑并现场核实。

3.3 交接双方按巡回检查路线交接，对重要生产情况、生产流程等进行重点交接。

3.4 双方班长在交接班记录本上签字后，交接工作完成。

4 操作要点

4.1 接班人员提前15min进行班前检查。

4.2 交接内容严格执行"七交清与五不接"交接班制度。

七交清：①交清运行方式；②交清设备运行状况；③交清运行参数、资料；④交清工作联系状况；⑤交清工具、用具和消防器材；⑥交清岗位卫生；⑦交清存在的问题和上级指示。

五不接：①生产情况不清不接；②岗位卫生不好不接；③运行参数、资料不清不接；④工具、用具和消防器材设施不全不接；⑤该处理的问题没处理不接。

5　安全注意事项

5.1　严格按照巡检路线进场，严禁翻越、钻爬、倚坐管线或设施。

5.2　对发现问题在不影响安全生产的前提下可以交接，交方人员处理完毕后方可离开；对影响安全生产的必须及时整改，如当时无法整改的，必须跟班一起处理。

5.3　雷雨天气尽量减少外出交接班，防止雷电对人身造成伤害。

6　突发事件应急处置

6.1　交接班过程中如发现任何报警和异常情况，立即查看，妥善处理。

6.2　如事件不可控制时，应立即启动站场《应急处置预案》进行处理。

单元三　设备操作维护

模块一　站场自控系统操作

项目一　DCS 系统 HMI 画面识别操作

1　项目简介

DCS 是分布式控制系统的英文缩写（Distributed Control System），在国内自控行业又称为集散控制系统。它是一个由过程控制级和过程监控级组成的以通信网络为纽带的多级计算机系统，综合了计算机（Computer）、通信（Communication）、显示（CRT）和控制（Control）等技术，其基本思想是：分散控制、集中操作、分级管理、配置灵活，组态方便。

DCS 是"动态"系统，它始终对过程变量连续进行检测、运算和控制，对生产过程进行动态控制，确保产品的质量和产量。DCS 用于生产过程的连续测量、常规控制（连续、顺序、间歇等）、操作控制管理，保证生产装置的平稳运行。

如果将一个自动化站场比作一个人的话，那么 DCS 系统就是工控网络的核心。如图 3 - 1 所示。

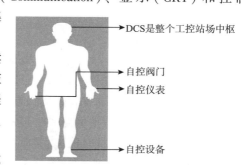

图 3 - 1　DCS 分布式控制系统示意图

2　系统软件

本系统的所有操作均在 VisualFiled 软件下实现。本系统主要对操作和维护人员规定了应用权限。

2.1　观察员：只能观察数据，不能做任何修改和操作。

2.2　操作员：本权限适用于合格的 DCS 操作人员，可以进行合分按钮开关、更改阀位输出（软手动）和设定值等相关操作。

2.3　工程师：可以修改控制系统的 P、I、D 参数和其他一些数据；可以下载系统文件；可以退出监控系统；本权限适用于系统运行管理人员。

2.4　Admin：系统默认权限管理人员；用于改变操作人员、工程师权限和修改其口令；以及其他一些系统特殊功能。本权限适用于 DCS 系统维护人员。

3　系统功能

本计算机监控系统是集现场信号采集、动态显示、自动控制、电气设备（泵）遥控操作及联锁控制等功能于一体的综合性系统。系统以浙江中控技术股份有限公司的 ECS - 700

DCS 系统为核心，在计算机操作和监视画面上可实现相关功能。

3.1 工具栏。列出了 HMI 控制台的主要操作功能：首页、系统总貌、数据一览、控制分组、趋势图、流程图、报表浏览、过程报警、系统报警等内容。

3.2 状态栏。显示的信息有：当前操作域、当前操作小组、当前用户、当前画面、当前画面类型、当前页码、当前时间等。

4 基本操作

4.1 操作登录。

4.1.1 在监控界面的工具栏上点击用户登录按钮，即可调出用户登录窗口。这是个多功能组合按钮，如果当前该按钮显示并非图标，则点击其旁边的下拉按钮，在弹出的下拉列表中选择"用户登录"，也可调出用户登录窗口。

4.1.2 在登录选项界面中可以对用户和操作小组进行重新选择。

4.1.3 自动登录。选择该项后，下次启动监控时将不再弹出登录对话框，直接以本次登录的用户和操作小组进入监控中。

4.2 查找位号。

4.2.1 在监控表头的工具栏中点击该按钮，将显示查找位号工具栏。

4.2.2 可以在监控中查找指定的位号，并显示其位号面板、关联的流程图、关联的趋势画面以及单点趋势画面。

4.3 报警信息。

4.3.1 在实时监控软件中除可以通过流程图等画面查看报警，在监控表头的中间位置直接显示当前最新的报警信息外，还可以通过过程报警、系统报警、弹出报警、历史报警、报警面板等菜单分类查看各类报警的汇总，并进行报警确认等操作。

4.3.2 报警显示。报警列表中显示的报警信息包括报警产生时间、报警位号、位号描述、报警类型及位号实时值。

4.3.3 报警确认。通过右键菜单中的"确认"命令，可以对选中的报警进行报警确认。另外，单击监控表头中的按钮，也可以对选中的报警进行确认。

4.3.4 状态表。点击按钮，弹出状态表。状态表显示产生强制状态、OOS 状态、故障安全、故障恢复、报警屏蔽状态、抖动开关量状态、超量程状态、仿真状态的位号、被抑制的报警，提供实时和历史查看。

4.4 调节回路面板操作。

4.4.1 调节阀的操作有手动及自动两种操作方式，若为串级回路则还有"串级"控制方式。

（1）手动：指控制回路的手动操作状态下，操作员直接在 DCS 上手动调整各调节阀的开度。

（2）自动：指 DCS 系统自动根据测量值与手动设定的给定值之间的偏差，计算调节阀的开度自动控制调节阀输出，使测量值保持在允许的范围内。

（3）串级：指 DCS 系统自动根据测量值与程序自动计算的给定值之间的偏差，计算调节阀的开度自动控制调节阀输出，使主环测量值保持在允许的范围内。

4.4.2 注意事项。

（1）由手动控制切换到系统自动控制时，控制回路必须处于较平稳的工作状态，先手动将测量值调到希望控制的设定值附近，并较稳定地运行，这时才能切到自动控制状态。此时需密切注意测量值的变化，如测量值变化剧烈，须由自动切到手动状态。

（2）串级控制手动调节时只能调整内环的 MV 值，自动调节时只能调节外环的 SV 值。

4.5　工艺参数修改。通常在调整画面或内部仪表中进行。

4.5.1　在操作画面上调出相应的参数或回路，确认无误后，用面板或操作员键盘上的增减键增加或减少数值完成参数修改。

4.5.2　在操作画面上调出相应的参数或回路，将数据框中原有数据先删除，再用操作员键盘中的数字键输入数值，确认无误后再确认完成修改。

4.6　趋势曲线查询。

4.6.1　扩展趋势与还原界面。若趋势画面布局方式为多画面并列，监控时可对其中一个趋势画面进行扩展，使扩展后的画面占据整个界面，以便分析相关趋势，之后可通过还原命令恢复多画面并列状态。

4.6.2　位号信息栏。

（1）在位号信息栏中点击位号名前面的钩选项，去掉"√"，可使对应曲线不显示。勾选项下方的字母颜色代表该位号趋势曲线的颜色。

（2）通过位号信息栏中的右键菜单命令可以实现画面跳转功能，跳转到流程图、趋势画面、趋势图、仪表。其中，"跳到流程图""跳到趋势图"需要分别组态位号关联流程图和位号关联趋势画面，"弹出趋势""弹出仪表"则弹出与当前位号或指定位号对应的趋势或者仪表面板。

4.7　报表打印及历史报警打印。

4.7.1　打印报表分三个步骤：页面设置、打印预览和打印。

（1）页面设置，即设置报表页的页面、页边距、页眉页脚等。

（2）在菜单栏上选择【文件/打印预览】，打印预览当前打开的报表页。

（3）在菜单栏上选择【文件/打印】，打印当前报表页。

4.7.2　历史报警浏览器提供报警打印功能，能够提供当前页面上的报警信息的打印。点击功能按钮，选择打印机，确定后即输出到打印机。

（1）打印机：下拉菜单中列出了可以选择的打印机，选择其中一台打印机。

（2）打印标题：设置打印出来页面的标题，默认为"SUPCON 报警记录打印"。

（3）打印网格：设置打印横线或者竖线。

（4）设置打印机完成后点击"确定"，弹出提示"打印页数为 X，每页打印行数为 M，是否打印？"选择"确定"打印当前页面的报警。

4.8　简单操作问答。

4.8.1　如何进入监控？

双击桌面上的监控图标或者从 WINDOWS 系统"开始"里面找到启动监控程序。路径为：开始—所有程序—VisualField—监控启动软件。然后进入组态选择窗口，选择要登录的操作域，并将启动模式选择里"监控软件"前的勾选框选中再点击"确定"按钮即可启动监控。

4.8.2　如何发现 DCS 系统问题？

只要监控右上角框内的图标处于红色闪烁，说明 DCS 自检存在硬件或通信问题，及时与系统维护人员联系。

4.8.3 认识调节回路调整画面。

（1）无论是气开型调节阀还是气关型调节阀，面板上 MV 值所显示的阀位即为真实阀位开度。

（2）调节器的正、反作用可用如下简单办法判断：当 PV > SV，若 MV 需要开大则为正作用；反之则为反作用。

（3）PB 为比例度、TI 为积分时间（单位：s）、TD 为微分时间（单位：s）。

（4）比例系数 $KP = 100/PB$，所以 PB 越小则比例作用越强，比例度 PB 设 100 时比例系数 KP 为 1；积分时间 TI 越小则积分作用越强，一般不宜小于 20s；微分时间 TD 越大则微分作用越强，一般在存在滞后的回路中才需使用微分作用，且微分时间不宜设置过大。

5 安全注意事项

5.1 系统启动运行上电顺序：控制站、显示器、操作站计算机。停机次序：操作站计算机、显示器、控制站。

5.2 操作员口令维护：每台操作站上的操作员口令之间无任何关系必须单独建立。口令是保证系统安全正常运行的前提，必须严格执行。

5.3 操作站计算机是系统的重要组成部分，必须保持其正常运行和整洁。

5.4 禁止越权操作，操作人员不得退出监控系统！不可越权修改有关参数，如 PID 参数及相应的其他参数等，以免引起麻烦。

5.5 操作画面翻页时，不能太快，连续翻页间隔时间应在 1s 以上，否则系统画面不能及时更新，严重时将引起电脑死机。

5.6 手动、自动切换时尽量确保无扰动切换。

5.7 修改工艺参数时必须在输入确认无误时再按确认键，以免误操作造成危险或损失。

5.8 工艺参数改动过大时应逐步接近，不能一次性地做大改动，否则将造成控制失调或设备损坏。

6 突发事件应急处置

6.1 DCS 系统出现停电时，应立即将系统中投入自动控制的回路切到手动。当供电正常时，首先检查系统运行及系统数据是否正常，如果有异常现象，重新下传组态，并检查核对系统参数。一切正常后方可再次投入自动。

6.2 当系统模块故障时应将相应控制回路立即切回手动，并立即更换故障模块，检查确认故障消除时方可再次将系统投入自动。

6.3 系统出现故障，如变送器故障、阀门卡死、停气、停电等时，禁止进行自动控制，应立即切换回手动操作，待故障完全排除后方可投入自动。

6.4 操作画面上的工艺数据如长时间没有变动，应及时报知维护人员（可能是通信不畅或系统死机）。

6.5 如事件不可控制时，应立即启动站场《应急处置预案》进行处理。

项目二 SIS 系统 HMI 画面识别操作

1 项目简介

SIS 是"静态"系统，正常工况时，它始终监视生产装置的运行，系统输出不变，对生产过程不产生影响。非正常工况时，它将按照预先的设计进行逻辑运算，使生产装置安全联锁或停车。

2 系统功能

本监控系统是集现场信号采集、动态显示、联锁保护等功能于一体的综合性系统。系统以浙江中控技术股份有限公司的 TCS - 900 系统为核心，配以适当操作画面(VxSCADA/VisualField 平台 HMI 软件)，在计算机操作和监视画面上可实现相应功能。

2.1 工具栏：位于操作画面的上方，包含了画面切换按钮、报警信息、状态指示、工具按钮和报警确认按钮等。

2.2 页面简介：工具栏下方屏幕区域为画面显示区域，可通过点击画面切换按钮或工具按钮切换。

2.2.1 联锁逻辑画面：显示了本 SIS 系统中实现的联锁逻辑关系，并可根据不同权限做相应的联锁复位和位号投切动作。当有报警或联锁产生时，相应的联锁页面按钮背景底色会显示红色或红色闪烁，指示有报警产生，按下报警确认按钮后，恢复正常底色。

2.2.2 系统信息画面：用于查看 SIS 系统控制站的系统信息和故障情况。

2.2.3 报警记录画面：显示报警记录。

2.2.4 操作记录画面：显示操作记录。

2.2.5 旁路汇总画面：显示所有的旁路(投切)位号。

2.2.6 趋势记录画面：显示位号趋势记录。

3 基本操作

通过对鼠标和操作员键盘的操作，可实现本计算机系统所具有的监视和控制操作。

3.1 操作登录与切到观察。

3.1.1 操作登录：用鼠标左键单击画面上部的"口令图标"按钮弹出操作框，选择相应的用户名，并输入对应口令，按"确认"键或用鼠标左键单击"登录"，屏幕弹出操作员已登录信息，按"确认"键或用鼠标左键单击信息框中的"确定"，操作员登录成功，可在系统中进行操作员权限内的所有操作。

3.1.2 切到观察：用鼠标左键单击画面上部的"口令图标"，画面弹出操作框，用户名处在下拉列表中，选择"观察员"并用鼠标左键单击"确认"切到观察状态。

3.1.3 出于系统安全性能考虑，要求操作员上班时以相应用户名登录监控操作系统，下班时必须将系统切到观察状态。系统用户的增删、用户密码的修改等设置由维护人员完成。

3.2 画面切换及翻页。用鼠标左键单击画面切换按钮或工具栏对应按钮。

3.3 联锁逻辑复位操作。当 SIS 系统联锁参数超过设定的限制后，相应的位号将产生联锁动作，即使触发联锁动作的参数全部回归到正常值，产生联锁动作的位号也不会自动解除联锁动作状态，需要人工进行复位操作。

3.3.1 当联锁动作后，应确认相应联锁动作的位号关联的现场设备是否已处于安全状态，并根据相应的现场安全管理规定进行相应的报告或现场人员疏散等操作。

3.3.2　当确认现场处于安全状态，相关设备和工艺过程均在受控情况，相应的联锁参数已恢复到正常值，并已通知现场人员的情况下，根据相应的现场安全管理规定由获得授权的人员(一般为当班 SIS 系统操作人员)对相应联锁动作的位号进行复位操作。

3.3.3　打开已动作的联锁逻辑画面，找到关联的复位按钮，用鼠标左键单击复位按钮，并保持 1s 左右释放(若辅操台上设置了相应联锁的复位按钮，也可按下相应的复位按钮)，相应的联锁动作位号应被复位，恢复到正常状态(未联锁动作状态)。

3.3.4　若按照上述操作无法顺利复位，则应联系 SIS 系统维护工程师检查操作站与SIS 控制站之间的通信状态和 SIS 控制站的运行状态。

3.4　报警信息。用鼠标左键单击工具按钮栏中报警图标，屏幕弹出报警记录画面。

3.4.1　确认消除状态显示项：用来标识报警的确认和消除状态。

3.4.2　报警时间：报警产生的时间。

3.4.3　位号：产生报警的位号名。

3.4.4　位号描述：该位号的描述。

3.4.5　状态：描述某位号的报警类型(高高限报警等)。

3.4.6　优先级：显示该条报警的优先级(0~31)。

3.4.7　确认时间：显示该条报警的确认时间。

3.4.8　消除时间：显示该条报警的消除时间。

3.4.9　报警分组：显示该位号所属的报警分组。

3.5　趋势曲线查询。在工具栏中点击趋势画面图标或右键某 DATALink 数据链接 – 单点趋势将显示趋势画面。

4　简单操作问答

4.1　如何进入监控？

在桌面上双击快捷键(或点击[开始/程序]中 VxSCADA/VisualField 文件夹下的"监控运行"命令)，直接启动监控。

4.2　如何以不同身份登录系统？

点击用户登录图标，在弹出的对话框中可进行重新登录、切换到观察状态及选项设置等操作。

4.3　如何发现 SIS 系统问题？

只要工具栏中"系统故障灯"有红黄色灯闪烁出现，或辅操台蜂鸣器报警，或辅操台报警灯闪烁或常亮，均说明 SIS 其本身存在硬件或通信问题，应及时与系统维护人员联系。

5　安全注意事项

5.1　系统启动运行上电顺序：控制站、显示器、操作站计算机。

5.2　系统停机次序：操作站计算机、显示器、控制站。

5.3　操作员口令维护：每台操作站上的操作员口令之间无任何关系必须单独建立。口令是保证系统安全正常运行的前提，必须严格执行。

5.4　操作站计算机是系统的重要组成部分，必须保持其正常运行和整洁。

5.5　禁止越权操作，操作人员禁止退出监控系统！不可越权操作投切按钮或复位按钮，以免引发联锁失效或现场误动。

6　突发事件应急处置

6.1　SIS系统出现停电时，现场将进入预设的故障安全模式。

6.1.1　当重新供电正常时，如系统已设置为上电后自动RUN（V1.3版本后支持该功能），则在启动过程中系统将自检，如果系统内部安全功能完善，则自动RUN。

6.1.2　当重新供电正常时，如系统未设置自动RUN或自检安全功能不完整，则安全控制站系统将处于STOP状态，所有的联锁逻辑不被执行（系统的AI/DI能正常采集显示，但逻辑运算不执行）。应检查系统运行及系统输出数据是否正常。如果有异常现象，应联系维护工程师检查系统和模块的运行和故障诊断状态，必要时重新检查下载组态。一切正常后方可再次将SIS控制站CPU置于运行模式，并将联锁逻辑控制位号逐一复位。

6.2　当系统卡件故障时应当立即通知维护人员更换故障卡件，检查确认故障消除后方可再次将系统投入自动。

6.3　系统出现故障，如变送器出现故障时，可经过充分评估和审批后由维护人员切除相应的联锁逻辑以便进行仪表维护，维护完成后应立即将联锁逻辑投入。切除的同时应安排人员密切监视被切除的联锁逻辑的参数变化，并采取一切必要的替代措施，保障现场维护人员和设备的安全。

6.4　如事件不可控制时，应立即启动站场《应急处置预案》进行处理。

项目三　电液井口安全控制系统操作与维护

1　项目简介

井口安全控制系统（简称井安系统）是一种用于天然气井口的安全生产和紧急保护装置，当发生异常情况（超压、失压、火灾或其他紧急情况）时，可实现自动或人为快速关闭井口，隔离储气气藏和地面生产系统，缩小事故范围及减轻事故危害。

储气库丛式井场井口安全控制系统生产厂家主要有成都中寰流体设备有限公司和深圳弗赛特科技股份有限公司。采用地面及井下两级安全控制，保证整个系统安全可靠。

2　操作前准备

2.1　劳保穿戴整齐。

穿戴标准配置的劳保用品：安全帽帽壳、帽箍、顶带完好，后箍、下颌带调整松紧合适、固定可靠，女同志头发盘于帽内；工衣袖口、领口扣子扎紧；工鞋大小合适，鞋带绑扎松紧合适不落地。

2.2　工具、用具准备。

可燃气体检测仪、防爆对讲机、防毒面具、验漏壶、毛巾、防爆工具、防爆手电（夜间携带）等，并保证对讲机和检测仪处于良好状态。

2.3　操作前的检查和确认。

2.3.1　380VAC动力电源连接到位，指示灯亮起。

2.3.2　电机处于工作准备状态。

2.3.3　导阀组仪表阀、针形阀等处于投运状态。

2.3.4　储能罐卸放阀关闭。

2.3.5　电泵进出口投运。

2.3.6　系统充压及启动准备。

（1）旋转电液泵控制开关至自动运行工况，建立系统运行压力至设定值（初设起泵压力 4500psi，成都中寰停泵压力 6300psi、深圳弗赛特停泵压力 7500psi），观察系统压力表读数。

（2）调节调压阀手柄，建立系统控制压力至设定值 75psi，观察压力表读数。

（3）调整高压调压阀手柄（Q1），并设定压力值为 2200psi，观察压力表读数。

3　操作步骤

3.1　井下安全阀开启。

3.1.1　拉井下安全阀手柄，按下锁定销。

3.1.2　待系统建立一个可持续的控制压力后，锁定销将自动弹出。

3.1.3　此时井下安全阀控制开关处于自动工作状态，井下安全阀打开，观察井下安全阀驱动压力表读数。

3.2　井口安全阀开启。

3.2.1　拉井口安全阀手柄，按下锁定销。

3.2.2　待系统建立一个可持续的控制压力后，锁定销将自动弹出。

3.2.3　此时井口安全阀控制开关处于自动工作状态，安全阀打开，观察井口安全阀驱动压力表读数。

3.3　井口（井下）安全阀关阀。

3.3.1　手动关断。

（1）就地关闭 WSSV 控制手柄，关闭地面 WSSV。

（2）就地关闭 SCSSV 手柄，关闭地面 WSSV、井下 SCSSV。

3.3.2　机柜远程自动关断。

（1）远程关闭 24VDC（电磁阀 T1），关闭地面 WSSV。

（2）远程关闭 24VDC（电磁阀 T2），关闭地面 WSSV、井下 SCSSV。

4　操作要点

4.1　开井时，应先开井下安全阀，再开地面安全阀。

4.2　开井操作时待井下安全阀完全打开后，继续观察"地面液控压力""井下液控压力"两压力表的压力是否稳定，稳定后方可离开。

5　安全注意事项

5.1　易熔塞熔化会自动关断 SCSSV + WSSV（熔化温度 123℃）。

5.2　高（低）导阀检测到压力高（低）限，会自动关闭地面 SSV。

5.3　控制柜内液压油管线有渗漏现象，及时进行紧固。

5.4　油箱液面低于液位开关（LS1）设定极限，将切断电机电源，电机工作停止。控制柜液压油箱油位不足时，要及时进行补充。

5.5　系统压力参考值。

5.5.1　成都中寰。

（1）控制回路压力：70 ~ 100psi。

（2）WSSV 压力：1800 ~ 2700psi。

（3）SCSSV 压力：6000 ~ 6700psi。

5.5.2　深圳弗赛特。

（1）控制回路压力：70～100psi。

（2）WSSV 压力：2800～3400psi。

（3）SCSSV 压力：6000～7500psi。

6　异常处理

6.1　地面安全阀打不开，首先检查管线压力是否达到低压限压阀动作压力，若未达到设定压力，给管线充压，重新启动地面安全阀。其次是检查先导压力是否达到设定值，若未达到，检查控制柜流程、先导调压阀滤芯是否堵塞，排除以上故障，重新启动地面安全阀。

6.2　当井下安全阀打不开时，可能是液压油压力不够，液压管线漏失所致。可检查液压管线、手动泵加压处理。

7　突发事件应急处置

7.1　现场出现火灾爆炸时，应立即停止作业，妥善处理现场。

7.2　如事件不可控制时，应立即启动站场《应急处置预案》进行处理。

项目四　Shafer 气液联动执行机构操作

1　项目简介

Shafer 气液联动执行机构是采用高压天然气或自身的液压系统（当天然气的压力达不到驱动要求时）驱动液压油，液压油驱动执行器的方法实现阀门开关操作。它主要包括控制器、驱动器和液压操作系统。

提升阀气路控制块是执行机构控制系统的核心，通过控制动力气进入气液罐驱动执行器达到开关阀门的目的。

2　操作前准备

2.1　劳保穿戴整齐。

穿戴标准配置的劳保用品：安全帽帽壳、帽箍、顶带完好，后箍、下颌带调整松紧合适、固定可靠，女同志头发盘于帽内；工衣袖口、领口扣子扎紧；工鞋大小合适，鞋带绑扎松紧合适不落地。

2.2　工具、用具准备。

可燃气体检测仪、防爆对讲机、防毒面具、验漏壶、毛巾、防爆工具、防爆手电（夜间携带）等，并保证对讲机和检测仪处于良好状态。

2.3　操作前的检查和确认。

2.3.1　驱动装置进气阀处于全开状态，检查气压表压力值，应达到规定要求（3.5～6.0MPa）。

2.3.2　检查气路和油路有无泄漏。

2.3.3　液压定向控制阀选择开或关后，用手泵检查执行机构的工作情况，阀门开关运行应平稳、无卡阻现象。

3　操作步骤

3.1　就地手泵"开关阀"。

3.1.1　将气液联动阀就地、远控选择器保持在 Local（就地状态）。

3.1.2　将"手动换向阀"上标有"Open"/"Close"侧的"手掌按钮"推入，确认另一侧的

图3-2　就地手泵开阀图

"手掌按钮"处于拉出状态，如图3-2所示。

3.1.3　提起手动泵手柄至最高端，向下按动手柄，并重复此动作，直至阀位指示器指到全开/关位置，即实现开/关阀操作。

3.1.4　将液压操作柄复位到初始状态。如不能恢复至原位，可按下手动换向阀体上部的泄放平衡阀，再将手动泵手柄复位。

3.1.5　将"手掌按钮"复位（即两边的手掌按钮都要拉出来）。

3.1.6　更新阀门开关指示牌。

3.2　就地气动"开关阀"。

3.2.1　将梭动阀体上标记"Open"/"Close"的操纵杆下拉，此时阀执行器执行开/关阀动作。

3.2.2　观察阀位指示器转动，当指向"开/关"位置时，松开操纵杆，即实现开/关阀操作。

3.2.3　更新阀门开关指示牌。

附：操作要点

操作时应拉住操纵杆直至开关到位。

3.3　远程"开阀"。

3.3.1　用鼠标左键单击阀门图标，调出阀体控制面板，如图3-3所示。

3.3.2　先单击"开阀"按钮，再单击"执行"按钮，即实现开阀操作。

附：操作要点

（1）开阀前提条件：阀门处于全关到位、就地/远控选择按钮处于远控状态、设备投用中，手动、无超时报警状态。

（2）现场阀门到达全开到位，则"全开到位"状态指示灯变绿色；现场阀门没有到达全开到位，则"超时报警"状态指示灯变红色，操作员在控制画面上点击"综合复位按钮"，对"超时报警"进行复位。

3.4　远程"关阀"。

3.4.1　用鼠标左键单击阀门图标，调出阀体控制面板，如图3-3所示。

3.4.2　先单击"关阀"按钮，再单击"执行"按钮，即实现关阀操作。

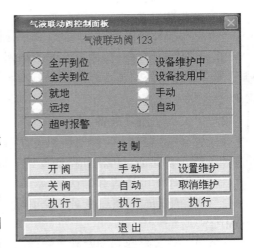

图3-3　控制面板图

附：操作要点

（1）关阀前提条件：阀门处于全开到位、就地/远控选择按钮处于远控状态、设备投用中、手动、无超时报警状态；

（2）现场阀门到达全关到位，则"全关到位"状态指示灯变绿色；现场阀门没有到达全关到位，则"超时报警"状态指示灯变红色，操作员在控制画面上点击"综合复位按钮"，对"超时报警"进行复位。

3.5 带锁定功能的先导阀复位操作。

3.5.1 当发生电子控制单元低压报警、高压报警、压降速率报警导致阀门 ESD 关断，会使带锁定功能的先导阀处于锁定状态，以防止开/关阀。如需开阀，需要将先导阀复位。如图 3 - 4 所示。

3.5.2 调控中心或场站执行 ESD 关断后的开/关阀操作。

ESD 逻辑执行完成后，需要开/关阀门时，先在站控系统的 ESD 辅操台上或中控系统 ESD 控制面板上执行 ESD 复位，再将先导阀复位。

4 安全注意事项

4.1 现场气动操作阀门时应远离安全泄放口。

4.2 给气缸充气时要注意充气速度，防止阀体误动作。

5 检查与维护

5.1 日检查内容。

5.1.1 检查执行机构本体完好、无损，各部件紧固。

5.1.2 检查执行机构的开关状态是否与工艺流程一致。

5.1.3 检查执行机构气路连接处是否有漏气情况。

5.1.4 检查执行机构是否有漏油情况。

5.1.5 检查执行机构接地线是否松动、锈蚀。

5.2 月检查内容。

5.2.1 对日检查的内容进行全面检查。

5.2.2 检查动力气罐压力，正常情况下压力应在 3.5 ~6MPa。

5.2.3 检查执行机构的外壳和各连接处是否有损坏、松动或紧固件丢失。

5.2.4 检查执行机构各部位紧固螺栓是否松动。

5.3 季度检查内容。

更换信号接线箱内干燥剂。

6 故障分析判断与处理

故障分析判断与处理，见表 3 - 1。

图 3 - 4 先导阀图

表 3 - 1 故障分析与处理

故障特征	可能原因	解决方法
执行器运行不稳	执行器缺油或有气体	排出执行器中气体和泡沫，补充液压油至合适的油位

续表

故障特征	可能原因	解决方法
执行器动作过慢	动力气有节流、压力低，原因： ①系统管路堵塞； ②控制滤网上有污物、润滑脂、杂物	解堵并充分清洗执行器后重新开关阀
执行器不动作	1. 动力气源没有打开或气源压力低、阀门阻力矩过大； 2. 阀门卡止； 3. 气路通道堵塞	1. 检查动力气压，尝试用手泵操作； 2. 润滑阀门，进一步确认； 3. 检查气路并清除堵塞
手泵操作不动作	1. 缺液压油； 2. 卡阀或开关已到位； 3. 执行器内漏	1. 补充液压油； 2. 检查阀位状态； 3. 检修执行器
控制箱无法读取数据	1. 控制箱或笔记本电脑接口没有正确连接； 2. 控制软件损坏； 3. 控制箱电路板损坏	1. 检查电缆和接口的连接； 2. 重新安装控制软件； 3. 更换电路板

7 突发事件应急处置

7.1 现场出现火灾爆炸时，应立即停止作业，妥善处理现场。

7.2 如事件不可控制时，应立即启动站场《应急处置预案》进行处理。

项目五 BETTIS ROC – G8140 系列气液动执行机构操作

1 项目简介

BETTIS ROC – G8140 系列气液动执行机构主要由弹簧室、气缸室及驱动装置组成。

2 操作前准备

2.1 劳保穿戴整齐。

穿戴标准配置的劳保用品：安全帽帽壳、帽箍、顶带完好，后箍、下颌带调整松紧合适、固定可靠，女同志头发盘于帽内；工衣袖口、领口扣子扎紧；工鞋大小合适，鞋带绑扎松紧合适不落地。

2.2 工具、用具准备。

可燃气体检测仪、防爆对讲机、防毒面具、验漏壶、毛巾、防爆工具、防爆手电（夜间携带）等，并保证对讲机和检测仪处于良好状态。

2.3 操作前的检查和确认。

2.3.1 检查各连接部位无跑、冒、滴、漏现象。

2.3.2 检查仪表风压力在 0.5～0.8MPa。

2.3.3 检查确认阀门开关状态与中控室一致。

3 操作步骤

3.1 就地液动开阀操作。

3.1.1 逆时针旋转转换开关至"Manual"就地位置。

3.1.2 提起手动泵手柄至最高端，向下按动手柄。

3.1.3 重复上步操作，直到阀位指示器指到全开位置。

3.2 远程开关阀操作。

将转换开关切换到"Auto"自动位置。

3.2.1　开阀。

中控室操作人员接到命令后在中控室点击 HMI 画面中该阀门图标，出现该阀门控制面板，在面板上选择阀门开阀命令点击确认，观察阀位命令输出变化状况，阀门全开后，阀门图标变为绿色。

3.2.2　关阀。

中控室操作人员接到命令后在中控室点击 HMI 画面中该阀门图标，出现该阀门控制面板，在面板上选择阀门关阀命令点击确认，观察阀位命令输出变化状况，阀门全关后，阀门图标变为红色。

4　操作要点

4.1　操作前应向中控室汇报，待中控室同意后，方可进行开关阀操作。

4.2　就地液动开阀操作前应将转换开关置于就地手动状态。

4.3　远程开关阀操作前应将转换开关置于自动状态。

5　安全注意事项

5.1　操作完毕后与现场检查人确认中控室远传信号与现场一致。

5.2　更换阀门开关指示牌。

6　突发事件应急处置

6.1　现场出现火灾爆炸时，应立即停止作业，妥善处理现场。

6.2　如事件不可控制时，应立即启动站场《应急处置预案》进行处理。

项目六　BETTIS G5 – MG 气动执行机构操作

1　项目简介

BETTIS G5 – MG 气动执行器是一种用气压力驱动启闭或调节阀门的执行装置，又被称为气动执行机构或气动装置。该执行器只有开时是气源驱动，相反动作则弹簧复位。它主要由弹簧室、气缸室及驱动装置组成。

2　操作前准备

2.1　劳保穿戴整齐。

穿戴标准配置的劳保用品：安全帽帽壳、帽箍、顶带完好，后箍、下颌带调整松紧合适、固定可靠，女同志头发盘于帽内；工衣袖口、领口扣子扎紧；工鞋大小合适，鞋带绑扎松紧合适不落地。

2.2　工具、用具准备。

可燃气体检测仪、防爆对讲机、防毒面具、验漏壶、毛巾、防爆工具、防爆手电（夜间携带）等，并保证对讲机和检测仪处于良好状态。

2.3　操作前的检查和确认。

2.3.1　检查各连接部位无跑、冒、滴、漏现象。

2.3.2　检查仪表风压力在 0.5 ~ 0.8MPa。

2.3.3　检查确认阀门开关状态与中控室一致。

3　操作步骤

3.1　就地手动开关阀操作。

3.1.1 手动开阀。

逆时针旋转手轮直到阀位指示器指示"Open"全开位置。

3.1.2 手动关阀。

顺时针旋转手轮直到阀位指示器指示"Close"全关位置。

3.2 远程开关阀操作。

3.2.1 远程开阀。

（1）中控室操作人员接到命令后，辅操台按下确认按钮，再按下复位按钮，点击 HMI 画面中该阀门图标。

（2）现场人员按下"Reset"复位按钮。

（3）中控室操作人员选择阀门开阀命令点击确认。

（4）阀门全开后，阀门图标变为绿色，现场阀位指示器指示"Open"全开位置。

3.2.2 远程关阀。

（1）中控室操作人员接到命令后，点击 HMI 画面中该阀门图标，选择阀门关阀命令，点击确认。

（2）阀门全关后，阀门图标变为红色，现场阀位指示器指示"Close"全关位置。

4 操作要点

4.1 操作前应向中控室汇报，待中控室同意后，方可开关阀操作。

4.2 若出现 ESD 关断后，开阀前必须进行现场条件确认，按下复位按钮。

5 安全注意事项

5.1 操作完毕后与现场检查人确认中控室远传信号与现场一致。

5.2 更换阀门开关指示牌。

6 突发事件应急处置

6.1 现场出现火灾爆炸时，应立即停止作业，妥善处理现场。

6.2 如事件不可控制时，应立即启动站场《应急处置预案》进行处理。

项目七　BETTIS G5124 - M11 系列气液动执行机构操作

1 项目简介

BETTIS G5124 - M11 系列气液动执行机构主要由液压缸室、气缸室及驱动装置组成。

2 操作前准备

2.1 劳保穿戴整齐。

穿戴标准配置的劳保用品：安全帽帽壳、帽箍、顶带完好，后箍、下颌带调整松紧合适、固定可靠，女同志头发盘于帽内；工衣袖口、领口扣子扎紧；工鞋大小合适，鞋带绑扎松紧合适不落地。

2.2 工具、用具准备。

可燃气体检测仪、防爆对讲机、防毒面具、验漏壶、毛巾、防爆工具、防爆手电（夜间携带）等，并保证对讲机和检测仪处于良好状态。

2.3 操作前的检查和确认。

2.3.1 检查各连接部位无跑、冒、滴、漏现象。

2.3.2 检查仪表风压力在 0.5 ~ 0.8MPa。

2.3.3 检查确认阀门开关状态与中控室一致。

3 操作步骤

3.1 就地液动开关阀操作。

3.1.1 液动开阀。

(1)关闭液压缸平衡阀。

(2)将转换开关旋转至"CCW"开位。

(3)持续操作液压手泵,直至阀门全开到位。

3.1.2 液动关阀。

(1)关闭液压缸平衡阀。

(2)将转换开关旋转至"CW"关位。

(3)持续操作液压手泵,直至阀门全关到位。

3.2 远程气动开关阀操作。

操作前将转换开关旋至"Auto"自动位置。

3.2.1 远程开阀。

(1)中控室操作人员接到命令后,点击HMI画面中该阀门图标,选择阀门开阀命令,点击确认。

(2)阀门全开后,阀门图标变为绿色,现场阀位指示器指示"Open"全开位置。

3.2.2 远程关阀。

(1)中控室操作人员接到命令后,点击HMI画面中该阀门图标,选择阀门关阀命令,点击确认。

(2)阀门全关后,阀门图标变为红色,现场阀位指示器指示"Close"全关位置。

4 操作要点

4.1 操作前应向中控室汇报,待中控室同意后,方可开关阀操作。

4.2 就地液动开关阀操作前应关闭液压缸平衡阀。

4.3 远程操作前应将转换开关旋至"Auto"自动位置。

5 安全注意事项

5.1 操作完毕后与现场检查人确认中控室远传信号与现场一致。

5.2 更换阀门开关指示牌。

6 突发事件应急处置

6.1 现场出现火灾爆炸时,应立即停止作业,妥善处理现场。

6.2 如事件不可控制时,应立即启动站场《应急处置预案》进行处理。

项目八 BETTIS C01012 系列气液动执行机构操作

1 项目简介

BETTIS C01012 系列气液动执行机构主要由弹簧室、气缸室及驱动装置组成。

2 操作前准备

2.1 劳保穿戴整齐。

穿戴标准配置的劳保用品:安全帽帽壳、帽箍、顶带完好,后箍、下颌带调整松紧合适、固定可靠,女同志头发盘于帽内;工衣袖口、领口扣子扎紧;工鞋大小合适,鞋带绑扎松紧合适不落地。

2.2 工具、用具准备。

可燃气体检测仪、防爆对讲机、防毒面具、验漏壶、毛巾、防爆工具、防爆手电（夜间携带）等，并保证对讲机和检测仪处于良好状态。

2.3 操作前的检查和确认。

2.3.1 检查各连接部位无跑、冒、滴、漏现象。

2.3.2 检查仪表风压力在 0.5～0.8MPa。

2.3.3 检查确认阀门开关状态与中控室一致。

3 操作步骤

3.1 就地液动开阀操作。

3.1.1 逆时针旋转手轮至"Manual"就地位置。

3.1.2 提起手动泵手柄至最高端，向下按动手柄。

3.1.3 重复上部操作，直到阀位指示器指示"Open"全开位置。

3.2 远程开关阀操作。

远程操作前应将转换开关旋至"Auto"自动位置。

3.2.1 远程开阀。

中控室操作人员接到命令后在中控室点击 HMI 画面中该阀门图标，出现该阀门控制面板，在面板上选择阀门开阀命令点击确认，现场人员按下"Reset"按钮，观察阀位命令输出变化状况，阀门全开后，阀门图标变为绿色。

3.2.2 远程关阀。

中控室操作人员接到命令后在中控室点击 HMI 画面中该阀门图标，出现该阀门控制面板，在面板上选择阀门关阀命令点击确认，观察阀位命令输出变化状况，阀门全关后，阀门图标变为红色。

4 操作要点

4.1 仪表风压力应在 0.5～0.8MPa。

4.2 远程操作前应将转换开关旋至"Auto"自动位置。

5 安全注意事项

5.1 操作完毕后与现场检查人确认中控室远传信号与现场一致。

5.2 气动控制及远传控制要确认动力气压力高于最低工作压力，以便确认可以操作气动动作装置执行机构。

5.3 该阀门若出现 ESD 关断，必须进行现场条件确认，按下复位按钮。

6 突发事件应急处置

6.1 现场出现火灾爆炸时，应立即停止作业，妥善处理现场。

6.2 如事件不可控制时，应立即启动站场《应急处置预案》进行处理。

项目九　BETTIS ROV－G3114 系列气动执行机构操作

1 项目简介

BETTIS ROV－G3114 系列气动执行机构主要由气缸室、手轮及驱动装置组成。

2　操作前准备

2.1　劳保穿戴整齐。

穿戴标准配置的劳保用品：安全帽帽壳、帽箍、顶带完好，后箍、下颌带调整松紧合适、固定可靠，女同志头发盘于帽内；工衣袖口、领口扣子扎紧；工鞋大小合适，鞋带绑扎松紧合适不落地。

2.2　工具、用具准备。

可燃气体检测仪、防爆对讲机、防毒面具、验漏壶、毛巾、防爆工具、防爆手电（夜间携带）等，并保证对讲机和检测仪处于良好状态。

2.3　操作前的检查和确认。

2.3.1　检查确认 BETTIS 气动球阀各接口部位无跑、冒、滴、漏现象。

2.3.2　确认 BETTIS 气动球阀各引压管、截止阀完好，无泄漏、无震动、无腐蚀、无形变等。

2.3.3　确认执行器底部无凝液积存、仪表风压力在正常范围内、连接处无松动现象、各指示仪表工作正常且在运行范围内。

2.3.4　向中控室汇报，准备开关 BETTIS 气动球阀操作。

3　操作步骤

3.1　就地手动操作。

3.1.1　开阀。确认需右侧手轮丝杆处于旋出状态，逆时针旋转左侧手轮直至阀门全开。

3.1.2　关阀。确认需左侧手轮丝杆处于旋出状态，逆时针旋转右侧手轮直至阀门全关。

3.2　远控操作。

3.2.1　开阀。

中控室操作人员接到命令后在中控室单击 HMI 画面中该阀门图标，出现该阀门控制面板，在面板上选择阀门开阀命令点击确认，观察阀位命令输出变化状况，阀门全开后，阀门图标变为绿色。

3.2.2　关阀。

中控室操作人员接到命令后在中控室单击 HMI 画面中该阀门图标，出现该阀门控制面板，在面板上选择阀门关阀命令点击确认，观察阀位命令输出变化状况，阀门全关后，阀门图标变为红色。

4　操作要点

4.1　仪表风压力应在 0.5 ~ 0.8MPa。

4.2　就地操作前，需旋松操作侧手轮丝杆限位螺母。

4.3　远程操作前，需确认两侧手轮丝杆均处于旋出状态。

5　安全注意事项

5.1　操作完毕后与现场检查人确认中控室远传信号与现场一致。

5.2　气动控制及远传控制要确认动力气压力高于最低工作压力，以便确认可以操作气动动作装置执行机构。

6 突发事件应急处置

6.1 现场出现火灾爆炸时，应立即停止作业，妥善处理现场。

6.2 如事件不可控制时，应立即启动站场《应急处置预案》进行处理。

项目十　BETTIS BDV 气动执行机构操作

1 项目简介

BETTIS BDV 气动执行机构主要由气缸室、手轮及驱动装置组成。

2 操作前准备

2.1 劳保穿戴整齐。

穿戴标准配置的劳保用品：安全帽帽壳、帽箍、顶带完好，后箍、下颌带调整松紧合适、固定可靠，女同志头发盘于帽内；工衣袖口、领口扣子扎紧；工鞋大小合适，鞋带绑扎松紧合适不落地。

2.2 工具、用具准备。

可燃气体检测仪、防爆对讲机、防毒面具、验漏壶、毛巾、防爆工具、防爆手电（夜间携带）等，并保证对讲机和检测仪处于良好状态。

2.3 操作前的检查和确认。

2.3.1 检查确认 BETTIS 气动球阀各接口部位无跑、冒、滴、漏现象。

2.3.2 确认 BETTIS 气动球阀各引压管、截止阀完好，无泄漏、无震动、无腐蚀、无形变等。

2.3.3 确认执行器底部无凝液积存、仪表风压力在正常范围内、连接处无松动现象、各指示仪表工作正常且在运行范围内。

2.3.4 向中控室汇报，准备开关 BETTIS 气动球阀操作。

3 操作步骤

3.1 就地手动操作。

3.1.1 开阀（在失电，失气的状态下）。

（1）旋松限位螺母。

（2）顺时针旋转手轮直至丝杆全部露出，直到阀位指示器指到全开位置。

3.1.2 关阀。

（1）逆时针旋转手轮直至丝杆全部旋进，直到阀位指示器指到全关位置。

（2）旋紧限位螺母。

3.2 远控操作。

3.2.1 开阀。

（1）现场人员确认手轮处于全开位置，且限位螺母旋松。

（2）中控室操作人员接到命令后在中控室双击上位机画面中该阀门图标，出现该阀门控制面板，在面板上选择阀门开阀命令点击确认，观察阀位命令输出变化状况，阀门全开后，阀门图标变为绿色。

3.2.2 关阀。

（1）现场人员确认手轮处于全开位置，且限位螺母旋松。

（2）中控室操作人员接到命令后在中控室双击上位机画面中该阀门图标，出现该阀门控制面板，在面板上选择阀门关阀命令点击确认。

（3）现场人员按下复位按钮，并通知中控室。

（4）中控室人员观察阀位命令输出变化状况，阀门全关后，阀门图标变为红色。

4　操作要点

4.1　仪表风压力应在 0.5～0.8MPa。

4.2　就地操作前，需旋松操作侧手轮丝杆限位螺母。

4.3　远程操作前，需确认两侧手轮丝杆均处于旋出状态。

5　安全注意事项

5.1　操作完毕后与现场检查人确认中控室远传信号与现场一致。

5.2　气动控制及远传控制要确认动力气压力高于最低工作压力，以便确认可以操作气动动作装置执行机构。

5.3　该阀门若出现 ESD 关断，必须进行现场条件确认，按下复位按钮。

6　突发事件应急处置

6.1　现场出现火灾爆炸时，应立即停止作业，妥善处理现场。

6.2　如事件不可控制时，应立即启动站场《应急处置预案》进行处理。

项目十一　Flwserve 系列气液动执行机构操作

1　项目简介

Flwserve 系列气液动执行机构主要由液压缸室、气缸室及驱动装置组成。

2　操作前准备

2.1　劳保穿戴整齐。

穿戴标准配置的劳保用品：安全帽帽壳、帽箍、顶带完好，后箍、下颌带调整松紧合适、固定可靠，女同志头发盘于帽内；工衣袖口、领口扣子扎紧；工鞋大小合适，鞋带绑扎松紧合适不落地。

2.2　工具、用具准备。

可燃气体检测仪、防爆对讲机、防毒面具、验漏壶、毛巾、防爆工具、防爆手电（夜间携带）等，并保证对讲机和检测仪处于良好状态。

2.3　操作前的检查和确认。

2.3.1　检查确认 Flwserve 福斯气动球阀各接口部位无跑、冒、滴、漏现象。

2.3.2　确认 Flwserve 福斯气动球阀各引压管、截止阀完好，无泄漏、无震动、无腐蚀、无形变等。

2.3.3　确认执行器底部无凝液积存、仪表风压力在正常范围内、连接处无松动现象、各指示仪表工作正常且在运行范围内。

2.3.4　向中控室汇报，准备开关 Flwserve 福斯气动球阀操作。

3　操作步骤

3.1　就地手动操作。

3.1.1　开阀。将两位四通阀（选择开关阀）转换至开阀位（Open），操作手泵直至阀门全开。

3.1.2　关阀。将两位四通阀（选择开关阀）转换至关阀位（Close），操作手泵直至阀门全关。

3.2 远控操作。

3.2.1 开阀。

中控室操作人员接到命令后在中控室点击 HMI 画面中该阀门图标,出现该阀门控制面板,在面板上选择阀门开阀命令点击确认,观察阀位命令输出变化状况,阀门全开后,阀门图标变为绿色。

3.2.2 关阀。

中控室操作人员接到命令后在中控室点击 HMI 画面中该阀门图标,出现该阀门控制面板,在面板上选择阀门关阀命令点击确认,观察阀位命令输出变化状况,阀门全关后,阀门图标变为红色。

4 操作要点

4.1 仪表风压力应在 0.5~0.8MPa。

4.2 就地操作。

4.2.1 将手动、自动切换阀旋至"Manual"手动位置。

4.2.2 关闭手动附加隔离阀(液压缸平衡阀)。

4.3 远程操作。

4.3.1 将手自动切换阀旋至"Auto"自动位置。

4.3.2 打开手动附加隔离阀(液压缸平衡阀)。

4.3.3 恢复气缸供气,并检查仪表风压力正常。

5 安全注意事项

5.1 操作完毕后与现场检查人确认中控室远传信号与现场一致。

5.2 气动控制应确认动力气压力高于最低工作压力。

6 突发事件应急处置

6.1 现场出现火灾爆炸时,应立即停止作业,妥善处理现场。

6.2 如事件不可控制时,应立即启动站场《应急处置预案》进行处理。

项目十二 Flwserve Valtek 气动调节阀操作与维护

1 项目简介

调节阀是一个在过程控制系统中改变流体流量的动力操作装置。它由一个具有接收控制系统信号改变阀门内节流件位置的执行机构和被连接上的阀门组成。它主要由气缸执行机构、定位器及手轮组成。

2 操作前准备

2.1 劳保穿戴整齐。

穿戴标准配置的劳保用品:安全帽帽壳、帽箍、顶带完好,后箍、下颌带调整松紧合适、固定可靠,女同志头发盘于帽内;工衣袖口、领口扣子扎紧;工鞋大小合适,鞋带绑扎松紧合适不落地。

2.2 工具、用具准备。

可燃气体检测仪、防爆对讲机、防毒面具、验漏壶、毛巾、防爆工具、防爆手电(夜间携带)等,并保证对讲机和检测仪处于良好状态。

2.3 操作前的检查和确认。

2.3.1 检查确认气动调节阀各接口部位无跑、冒、滴、漏现象。

2.3.2 检查气动调节阀各引压管、截止阀完好，无泄漏、无震动、无腐蚀、无形变等。

2.3.3 检查确认连接处无松动现象、各指示仪表工作正常且在运行范围内。

2.3.4 检查确认气动调节阀在正常状态下(逻辑未触发状态)。

2.3.5 操作前向中控室汇报，准备开关气动调节阀操作。

3 操作步骤

3.1 站控操作。

3.1.1 检查阀门状态处于 PID 手动，点击阀位设定，输入 0～100 阀门开度值按回车后，再点击应用，查看阀门动作。

3.1.2 0% 为全关，100% 为全开。如图 3－5所示。

3.2 手动开关阀操作。

3.2.1 手动开阀。

(1)侧身逆时针转动手轮，直至阀门全开。

(2)与中控室核实阀门开关状态及开度。

3.2.2 手动关阀。

(1)侧身顺时针转动手轮，直至阀门全关。

(2)与站控室核实阀门开关状态及开度。

4 操作要点

4.1 转换开关旋至"Manual"位置为就地开状态。

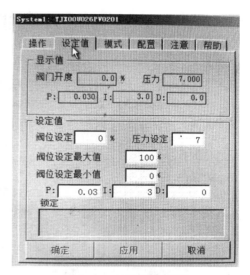

图 3－5 站控操作界面

4.2 转换开关旋至"Auto"位置为自动关状态。

4.3 转换开关旋至中间位置为维护状态。

4.4 阀门进入自控状态，务必将执行机构指示杆用手轮转至中间位置，否则自控无法执行。

5 安全注意事项

5.1 PLC 逻辑中设定了 PV 气动调节阀阀门的开关逻辑。

5.2 当压缩机出口压力高于 34.5MPa 时，上位机上的 PV 阀门状态会自动切换到"PID 自动"，并且根据 PV 下游管汇压力进行调压，调压值为人为设定值"7MPa"。

6 突发事件应急处置

6.1 现场出现火灾爆炸时，应立即停止作业，妥善处理现场。

6.2 如事件不可控制时，应立即启动站场《应急处置预案》进行处理。

项目十三 Rotork 电动执行机构操作

1 项目简介

Rotork 电动执行机构的基本功能是完成对阀门的开、关操作和阀门开度调节操作。执行机构操作有手动和自动两种方式，其中自动方式分就地控制和远程控制。根据现场管理和安全的需要，可以用挂锁锁定在就地/停止/远程的其中一个位置。

2 操作前准备

2.1 劳保穿戴整齐。

穿戴标准配置的劳保用品：安全帽帽壳、帽箍、顶带完好，后箍、下颌带调整松紧合适、固定可靠，女同志头发盘于帽内；工衣袖口、领口扣子扎紧；工鞋大小合适，鞋带绑扎松紧合适不落地。

2.2 工具、用具准备。

可燃气体检测仪、防爆对讲机、防毒面具、验漏壶、毛巾、防爆工具、防爆手电（夜间携带）等，并保证对讲机和检测仪处于良好状态。

2.3 操作前的检查和确认。

2.3.1 操作阀门前，应认真阅读操作说明。

2.3.2 操作前应清楚气体的流向，并检查确认阀门开闭标志。

2.3.3 发现异常问题应及时处理，禁止带故障操作。

2.3.4 确认接到了调控中心指令后或调控中心同意操作。

图 3 – 6 Rotork 电动执行机构

（停止、远控、就地）

3 操作步骤

3.1 现场手动开阀操作。

3.1.1 将红色旋钮旋至就地位置，然后将手动/自动选择柄压到底。

3.1.2 挂上离合器。

3.1.3 松开手柄，然后逆时针旋转手轮开阀。如图 3 – 6 所示。

附：操作要点

（1）旋转手轮（2 ~ 3 个行程）看阀位有 1% 左右变化，感觉手轮受力，可确认挂上离合器。

（2）通过执行器液晶显示器观察阀门开关状态，直至阀门顶端阀位指示器箭头指向全开标记"Open（开）"。

3.2 现场手动关阀操作。

3.2.1 将红色旋钮旋至就地位置，然后将手动/自动选择柄压到底。

3.2.2 挂上离合器。

3.2.3 松开手柄，然后顺时针旋转手轮关阀。

附：操作要点

（1）旋转手轮（2 ~ 3 个行程）看阀位有 1% 左右变化，感觉手轮受力，可确认挂上离合器。

（2）通过执行器液晶显示器观察阀门开关状态，直至阀门顶端阀位指示器箭头指向全关标记"Close（关）"。

3.3 现场电动开阀操作。

3.3.1 确认电源正常，电源指示灯常亮。

3.3.2 旋转执行器红色旋钮使就地标记与壳体上的"▲"标记正对。

3.3.3 顺时针旋转执行器黑色旋钮，使开阀标记与壳体上的"▲"标记正对，即实现现场电动开阀操作。

附：操作要点

(1)在开阀的进程中液晶显示器显示开度的百分比，全开后液晶显示器显示"Open limit"，红色指示灯亮，阀门自动停止动作。

(2)特殊情况下，开阀操作过程中如需停止开阀，可将执行器红色旋钮上的停止标记"Stop"与壳体上的"▲"标记正对，执行器停止动作。此时液晶显示器上黄色指示灯亮，并显示开度的百分比。

3.4　现场电动关阀操作。

3.4.1　确认电源正常，电源指示灯常亮。

3.4.2　旋转执行器红色旋钮使就地标记与壳体上的"▲"标记正对。

3.4.3　逆时针旋转执行器黑色旋钮，使关阀标记与壳体上的"▲"标记正对，即实现现场电动关阀操作。

附：操作要点

(1)在关阀的进程中液晶显示器显示开度的百分比，全关后液晶显示器显示"Closed limit"，绿色指示灯亮，阀门自动停止动作。

(2)特殊情况下，关阀操作过程中如需停止关阀，可将执行器红色旋钮上的停止标记"Stop"与壳体上的"▲"标记正对，执行器停止动作。此时液晶显示器上黄色指示灯亮，并显示开度的百分比。

3.5　远程开阀操作。

3.5.1　用鼠标左键单击阀门图标，调出阀体控制面板。

3.5.2　先单击"开阀"按钮，再单击"执行"按钮，即实现开阀操作。如图3-7所示。

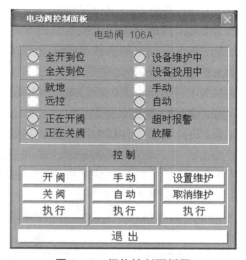

图3-7　阀体控制面板图

附：操作要点

(1)开阀前提条件：阀门处于全关到位、设备投用中、远控、手动、无超时报警、无故障状态。

(2)阀门在开阀过程中"正在开阀"指示灯变绿，阀门到达全开到位，则"全开到位"状态指示灯变绿色；现场阀门没有到达全开到位，则"超时报警"状态指示灯变红色，操作员在控制画面上点击"综合复位按钮"，对"超时报警"进行复位。

3.6　远程关阀操作。

3.6.1　用鼠标左键单击阀门图标，调出阀体控制面板。

3.6.2　先单击"关阀"按钮，再单击"执行"按钮，即实现关阀操作。

附：操作要点

(1)关阀前提条件：阀门处于全开到位、设备投用中、远控、手动、无超时报警、无故障状态。

(2)阀门在关阀过程中"正在关阀"指示灯变绿；阀门到达全关到位，则"全关到位"状态指示灯变绿色；现场阀门没有到达全关到位，则"超时报警"状态指示灯变红色，操作员在控制画面上点击"综合复位按钮"，对"超时报警"进行复位。

4 安全注意事项

4.1 拆卸/更换电池时应确认周围安全条件，并建议在主电源接通的情况下更换，否则将丢失以前的设定记录。

4.2 在日常运行检查中应留意检查开、关阀门行程中力矩的变化和阀位指示，以掌握设备运行工况，为维护检修提供依据。

4.3 检修时，关闭该阀门后，为防止中控室及现场误操作，应将该阀门旋至停止状态。

5 检查与维护

5.1 日检查内容。

5.1.1 检查电动执行机构的开关状态是否与工艺流程一致。

5.1.2 检查电动执行机构的机械开度指示与液晶显示开度是否一致。

5.1.3 检查电动执行机构液晶显示屏是否有报警。

5.1.4 检查电动执行机构是否有漏油现象。

5.1.5 检查电动执行机构接地线是否松动、锈蚀。

5.2 月检查内容。

5.2.1 对日检查的内容进行全面检查。

5.2.2 检查电池是否亏电。

5.2.3 检查执行机构的外壳和各连接处是否有损坏、松动或紧固件丢失。

5.2.4 检查执行机构各部位紧固螺栓是否松动。

5.2.5 检查执行机构表壳内是否进水或存在雾气现象。

6 故障分析判断与处理

Rotork 电动执行机构故障分析判断与处理，见表 3 - 2。

表 3 - 2 故障分析与处理

可能故障	可能原因	处理方法及注意事项
电动操作时执行机构不动作	1. 动力电源未接通； 2. 动力电源缺相； 3. 执行器操作方向不正确； 4. 阀门有卡死现象	1. 重新投上电源开关； 2. 检查有无断路现象； 3. 确认操作方向重新操作； 4. 现场手动开关阀门，确认阀门有无卡死现象
执行机构通电后远程控制无效	1. 就地/远控切换开关是否打到正确位置； 2. 控制信号线有虚接或断路现象； 3. 站控系统未输出远程控制信号（如 PLC 通道故障）	1. 切换开关打到远控位置； 2. 按图纸检查接线情况，必要时校线； 3. 更换通道或更换卡件
执行机构只能开阀或者关阀	1. 执行器方向设置不正确； 2. 主控板逻辑错误	1. 重新设置参数； 2. 更换主板或更换电源板组件
执行机构通电后没有显示或显示不正常	1. 主控制板电源线连接异常； 2. 显示部分数据线连接异常； 3. 主控制板故障	1. 正确接控制板电源线； 2. 正确接显示数据线； 3. 检查更换主板

续表

可能故障	可能原因	处理方法及注意事项
执行机构通电后在没有指令的情况下就动作	1. 主板故障； 2. 执行机构内控制线路有短接	1. 检查更换主板； 2. 检查控制线路

7 突发事件应急处置

7.1 现场出现火灾爆炸时，应立即停止作业，妥善处理现场。

7.2 如事件不可控制时，应立即启动站场《应急处置预案》进行处理。

项目十四 Fahlke Sehaz 型电液联动执行机构操作

1 项目简介

Fahlke Sehaz(单作用)型电液联动执行机构由弹簧缸、单向阀、安全阀、压力表、电磁阀、储能罐、手动泵、调速阀、电机、液压泵、拨叉机构、电控单元等部件组成，通过上述部件完成各项控制功能及安全保护功能。

2 操作前准备

2.1 劳保穿戴整齐。

穿戴标准配置的劳保用品：安全帽帽壳、帽箍、顶带完好，后箍、下颌带调整松紧合适、固定可靠，女同志头发盘于帽内；工衣袖口、领口扣子扎紧；工鞋大小合适，鞋带绑扎松紧合适不落地。

2.2 工具、用具准备。

可燃气体检测仪、防爆对讲机、防毒面具、验漏壶、毛巾、防爆工具、防爆手电(夜间携带)等，并保证对讲机和检测仪处于良好状态。

2.3 操作前的检查和确认。

2.3.1 检查确认阀门开关状态与中控室一致。

2.3.2 检查确认380VAC 动力电源、仪表电供电正常。

2.3.3 检查确认执行器各连接点无松动、无泄漏，液压管、截止阀完好，无泄漏、无震动、无腐蚀。

2.3.4 检查确认液压系统工作压力在正常范围内，高压和低压之间相差15bar 左右。

2.3.5 检查确认机柜间运行正常，远控端无报警信息。

2.3.6 检查确认系统压力表在正常工作压力 90 ~ 140bar。

2.3.7 确认接到了调控中心指令后或调控中心同意操作。

3 操作步骤

3.1 开阀：24VDC 供电正常且 ESD 电磁阀现场复位，阀门自动打开。

3.2 关阀：若24VDC 均供电正常，将本地操作旋钮旋转至"9点"或"6点"方向按下锁定，主阀门关闭。如图3-8所示。

图 3-8 本地操作旋钮图

4 操作要点

4.1 本地操作时，此执行机构型号为 SEHAZ – SR 型，指的是在 UPS 机柜间没有供电 24VDC 情况下，自动关闭阀门且始终保持关闭位置。

图 3 – 9 ESD 电磁阀图

4.2 如需要打开阀门，必须使 24VDC（控制电与 ESD 电磁阀）供电正常且 ESD 电磁阀现场复位。复位时，24VDC 供电正常后，现场将 ESD 电磁阀保护帽拧下，拔一下 ESD 电磁阀手柄即可。如图 3 – 9 所示。

5 安全注意事项

5.1 若 24VDC（控制电与 ESD 电磁阀）任一断电，阀门关闭。

5.2 旋钮 6 点位置为停用状态，按下锁定后电机停止打压，阀门自动关闭，站控系统报警。旋钮在弹出可以自由转动状态时，为远控蓄能状态。

6 异常处置

6.1 本地操作时给定关命令，执行机构无动作处理。

通过限位指示器和机械阀位查看执行机构状态，是开位还是关位。

6.2 本地操作时供电均正常，执行机构不执行开阀动作处理。

6.2.1 通过限位指示器和机械阀位查看执行机构状态，是开位还是关位。

6.2.2 通过左侧液压表查看液压系统压力值，压力低或压力为 0 会导致执行机构输入扭矩无法推动阀门动作。

6.2.3 查看本地开电磁手动柄是否被推上来。如没有动作说明仪表常供电有问题或开电磁阀出现故障。

6.2.4 确认 ESD 是否复位，将 ESD 复位按钮拔一下。如图 3 – 10 所示。

6.3 本地操作时 380VAC 供电后，电机不启动，压力不上升处理。

6.3.1 检查本地/远程操作旋钮是否为弹出状态，若锁定在"6 点"方向，电机不启动。

开电磁阀手柄，正常会被推上来

ESD复位按钮，将保护帽拆下，拔一下即可复位

图 3 – 10 ESD 复位按钮图

6.3.2 用万用表测量外供电是否正常。

6.3.3 检查电控箱内 16A 断路器是否跳闸。

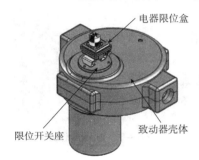

电器限位盒

限位开关座

致动器壳体

图 3 – 11 阀位反馈信号图

7 电液执行机构检查维护

7.1 设置开、关到位反馈信号，如图 3 – 11 所示。

7.1.1 开到位信号：当阀门开到位后，触板触动限位开关弹簧片，输出开到位信号，可通过调节触板位置调节信号。注意保证触板凸轮在关阀过程中脱离开到位限位开关弹簧片。

7.1.2 关到位信号：当阀门关到位后，触板触动限位开关弹簧片，输出关到位信号，可通过调节触板位置调节信号。注意保证触板凸轮在开阀过程中脱离关到位限位开关弹簧片。

7.2　注油操作说明。

7.2.1　该 Fahlke Sehaz 执行机构和控制单元需要适当的油润滑，以保证准确功能。

7.2.2　油的种类可以在铭牌或文档中查看。所需要的油量取决于执行机构的类型和液压缸的大小。执行机构注油量按技术参数要求，由专业技术人员完成（在执行机构系统压力为0，油箱空时）。

7.2.3　注油方法。

可通过漏斗或手动泵两种方法注油。

（1）通过漏斗注油：将注油口堵头卸下，用漏斗插入注油口进行注油，注油后恢复。

（2）通过手动泵注油：将注油管插入注油口，用手动泵进行注油，注油后恢复。

8　故障分析判断与处理

Fahlke Sehaz（单作用）型电液联动执行机构故障分析判断与处理，见表3-3。

表3-3　故障分析判断与处理

常见问题	可能原因	解决方法
执行机构运行不稳定或爬升	执行机构缺油或液压缸内有气体	反复开关阀门排出气体，填充液压油
执行机构动作过慢	1. 使用不正确的液压油、系统管路堵塞、过滤器滤网有污物、调试不当； 2. 速度控制阀开度小； 3. 阀门或执行机构扭矩过大	1. 更换正确液压油； 2. 检查过滤元件及管件，排出杂物； 3. 调节调速阀开度； 4. 清洗阀门或执行机构
执行机构不动作	1. 系统工作压力低或阀门扭矩过大； 2. 阀门卡止； 3. 调速阀没有打开； 4. 气路堵塞	1. 检查系统压力，用手动泵操作测试； 2. 润滑阀门； 3. 调速阀开到合适开度
手动泵操作不动作	1. 缺液压油； 2. 手动泵故障； 3. 液路切换阀不正确； 4. 执行机构内漏	1. 检查油位； 2. 排查手动泵； 3. 检查执行机构
管路漏油现象	1. 卡套接头损坏； 2. 卡套螺母没有拧紧	1. 泄压后，更换卡套接头； 2. 泄压后，拧紧卡套螺母
远控阀门不动作	1. 远控命令接线错误； 2. 远控命令配电输出有问题； 3. 系统编程有问题； 4. 无蓄能压力或电源故障	1. 检查控制电缆连接； 2. 检查是否有24V DC电压输出； 3. 检查编程系统； 4. 供电建立系统工作压力

9　突发事件应急处置

9.1　现场出现火灾爆炸时，应立即停止作业，妥善处理现场。

9.2　如事件不可控制时，应立即启动站场《应急处置预案》进行处理。

项目十五　Emerson 电液执行机构操作

1　项目简介

Emerson 电液执行机构由电控柜（PLC 及其辅助部件）、液压站及执行机构等部件构成。

2　操作前准备

2.1　劳保穿戴整齐。

穿戴标准配置的劳保用品：安全帽帽壳、帽箍、顶带完好，后箍、下颌带调整松紧合适、固定可靠，女同志头发盘于帽内；工衣袖口、领口扣子扎紧；工鞋大小合适，鞋带绑扎松紧合适不落地。

2.2　工具、用具准备。

可燃气体检测仪、防爆对讲机、防毒面具、验漏壶、毛巾、防爆工具、防爆手电（夜间携带）等，并保证对讲机和检测仪处于良好状态。

2.3　操作前的检查和确认。

2.3.1　检查确认阀门开关状态与中控室一致。

2.3.2　检查确认供电 380VAC 动力电源正常。

2.3.3　检查确认执行器各连接点无松动、无泄漏，液压管、截止阀完好，无泄漏、无振动、无腐蚀。

2.3.4　液位在高液位标志和低液位标志之间。

2.3.5　滤油器堵塞指示器显示绿色。

2.3.6　检查确认机柜间运行正常，远控端无报警信息，无连锁保护停泵符号。

2.3.7　确认接到了调控中心指令或调控中心同意操作。

3　操作步骤

3.1　阀门手动操作。

3.1.1　条件：阀门手动操作是在动力电源丢失且蓄能器无压或控制电源丢失的情况下，利用手动方法控制阀门动作。

3.1.2　操作：将手动换向阀切换到"Manual"位，再操作手动泵，对应手动泵上 Open/Close，上下压动手柄，控制执行机构驱动阀门打开和关闭。

3.2　阀门 ESD 控制。

ESD 信号为优先级信号。远控发出 ESD 开关量（保持型）信号时，电磁阀失电，对应阀门紧急关闭，本地控制面板 ESD 指示灯亮。

4　操作要点

4.1　PLC 控制器通过压力开关低压发讯点、高压发讯点，当系统压力低于压力低限 13MPa、高限 16MPa 时，PLC 输出控制信号控制电机 – 泵组合启动、停止运转。

4.2　PLC 控制器通过压力开关超低压发讯点，当系统压力低于压力报警低限 11MPa 时，PLC 输出报警信号。

4.3　本地操作时必须收到远控发出的"本地允许"命令，否则操作无效。

4.4　当"ESD"信号取消，必须在本地控制柜上操作"ESD"复位，"ESD"指示灯灭，方可做其他操作，否则液压站仍在"ESD"状态。

5 安全注意事项

当执行"ESD"关断时，无论选择开关置于远程控制还是就地控制状态，都能使阀门关断。

6 突发事件应急处置

6.1 现场出现火灾爆炸时，应立即停止作业，妥善处理现场。

6.2 如事件不可控制时，应立即启动站场《应急处置预案》进行处理。

项目十六 Bettis 自力液压紧急关断系统操作

1 项目简介

Bettis 自力式液压紧急关断(简称 ESD)系统是用于在紧急情况下自动关断井口设备或主流管道上的闸板阀。此系统包括液压执行机构、手动液压泵、控制组件和一个反向闸阀。此系统可以通过几种关断方式进行运作。最常见的是采用压力先导阀感应管道压力，当管道压力超过或低于指定控制范围时进行运作。

2 操作前准备

2.1 劳保穿戴整齐。

穿戴标准配置的劳保用品：安全帽帽壳、帽箍、顶带完好，后箍、下颌带调整松紧合适、固定可靠，女同志头发盘于帽内；工衣袖口、领口扣子扎紧；工鞋大小合适，鞋带绑扎松紧合适不落地。

2.2 工具、用具准备。

可燃气体检测仪、防爆对讲机、防毒面具、验漏壶、毛巾、防爆工具、防爆手电(夜间携带)等，并保证对讲机和检测仪处于良好状态。

2.3 操作前的检查和确认。

2.3.1 检查确认阀门开关状态与中控室一致。

2.3.2 检查确认执行器各连接点无松动、无泄漏，液压管、截止阀完好，无泄漏、无震动、无腐蚀。

2.3.3 检查液压油油缸液位，阀门开启时应在液位计红线以上，阀门关闭时应在液位计绿线附近。

2.3.4 检查确认取压阀已打开。

2.3.5 检查确认机柜间运行正常，远控端无报警信息。

2.3.6 确认接到了调控中心指令或调控中心同意操作。

3 操作步骤

3.1 手动开阀。

3.1.1 拉起转换开关至水平锁定位置(latched)。

3.1.2 操作手泵开启阀门。

3.2 手动关阀。

手动关闭阀门，可以通过解除转换开关并按压。

3.3 自动模式。

当手动开启阀门后，低压压力达到 90～100psi，转换开关自动转换至解除锁定位置(armed)，阀门进入自动状态。

4 操作要点

4.1 手泵开启阀门时，注意观察高压回路压力表读数。首次操作阀门时，继续操作手泵，使压力表读数增加10%左右(1000psi)。

4.2 自动关断的几种触发条件。

4.2.1 电磁阀掉电(远程ESD触发)。

4.2.2 高低压检测阀触发(以现场实际生产工况确定)。

4.2.3 易熔塞过热，温度高于123.3℃。

5 安全注意事项

5.1 环境温度变化时，注意观察高压回路压力表读数，防止阀门误关断。

5.2 阀门自动关断，须查明原因。排除故障后方可开阀，以防发生安全事故。

6 突发事件应急处置

6.1 现场出现火灾爆炸时，应立即停止作业，妥善处理现场。

6.2 如事件不可控制时，应立即启动站场《应急处置预案》进行处理。

项目十七　Stream–Flo皇冠自力式液压紧急关断系统操作

1 项目简介

Stream–Flo皇冠自力式液压紧急关断(简称ESD)系统是用于在紧急情况下自动关断井口设备或主流管道上的闸板阀。此系统包括液压执行机构、手动液压泵、控制组件和一个反向闸阀。此系统可以通过几种关断方式进行运作。最常见的是采用压力先导阀感应管道压力，当管道压力超过或低于指定控制范围时进行运作。

2 操作前准备

2.1 劳保穿戴整齐。

穿戴标准配置的劳保用品：安全帽帽壳、帽箍、顶带完好，后箍、下颌带调整松紧合适、固定可靠，女同志头发盘于帽内；工衣袖口、领口扣子扎紧；工鞋大小合适，鞋带绑扎松紧合适不落地。

2.2 工具、用具准备。

可燃气体检测仪、防爆对讲机、防毒面具、验漏壶、毛巾、防爆工具、防爆手电(夜间携带)等，并保证对讲机和检测仪处于良好状态。

2.3 操作前的检查和确认。

2.3.1 检查确认阀门开关状态与中控室一致。

2.3.2 检查确认执行器各连接点无松动、无泄漏，液压管、截止阀完好，无泄漏、无震动、无腐蚀。

2.3.3 检查确认取压阀已打开。

2.3.4 检查确认机柜间运行正常，远控端无报警信息。

2.3.5 确认接到了调控中心指令或调控中心同意操作。

3 操作步骤

3.1 手动模式。

3.1.1 操作超迟阀手柄使其处于水平状态。

3.1.2 操作过程中超迟阀弹回，处于45°状态。

3.1.3　操作打压泵直至阀门打开。

3.2　自动模式。

当手动开启阀门后，超迟阀自动转换至解除锁定位置(armed)，阀门进入自动状态。

4　操作要点

4.1　介质压力在稳压先导阀的设定范围之内。

4.2　电磁阀带电并处于截止状态。

4.3　自动关断的几种触发条件。

4.3.1　远程电磁阀断电。

4.3.2　就地按下超迟阀手柄并处于垂直状态。

4.3.3　感应介质压力超过正常范围(以现场实际生产工况确定)。

4.3.4　温度高于123.3℃，易熔塞熔断。

5　安全注意事项

5.1　手泵开启阀门，操作杆压不动时，严禁继续操作手泵。

5.2　阀门自动关断，须查明原因。排除故障后方可开阀，以防发生安全事故。

6　突发事件应急处置

6.1　现场出现火灾爆炸时，应立即停止作业，妥善处理现场。

6.2　如事件不可控制时，应立即启动站场《应急处置预案》进行处理。

项目十八　Severn 气动调节阀操作

1　项目简介

Severn 气动执行机构主要由气缸室、执行机构、定位器及阀体组成。

2　操作前准备

2.1　劳保穿戴整齐。

穿戴标准配置的劳保用品：安全帽帽壳、帽箍、顶带完好，后箍、下颌带调整松紧合适、固定可靠，女同志头发盘于帽内；工衣袖口、领口扣子扎紧；工鞋大小合适，鞋带绑扎松紧合适不落地。

2.2　工具、用具准备。

可燃气体检测仪、防爆对讲机、防毒面具、验漏壶、毛巾、防爆工具、防爆手电(夜间携带)等，并保证对讲机和检测仪处于良好状态。

2.3　操作前的检查和确认。

2.3.1　检查确认气动调节阀各接口部位无跑、冒、滴、漏现象。

2.3.2　检查气动调节阀各引压管、截止阀完好，无泄漏、无震动、无腐蚀、无形变等。

2.3.3　检查确认连接处无松动现象、各指示仪表工作正常且在运行范围内。

2.3.4　确认接到了调控中心指令或调控中心同意操作。

3　操作步骤

3.1　远控操作。

3.1.1　将手动、自动切换阀旋转到自动位置。

3.1.2　将固定销子卡在上面一个孔眼。

3.1.3　通过上位机发送阀位指令，到现场确认定位器与阀位是否一致。

3.2　就地手动操作。

3.2.1　将手动切换阀旋转到手动位置。

3.2.2　将固定销子卡在下面一个孔眼。

3.2.3　旋转手轮调整阀门开启度。

4　操作要点

就地手动操作时应将动力气源关闭并放空后再操作。

5　安全注意事项

5.1　操作完毕后与现场检查人确认中控室远传信号与现场一致。

5.2　气动控制操作前应确认动力气压力高于最低工作压力。

6　突发事件应急处置

6.1　现场出现火灾爆炸时，应立即停止作业，妥善处理现场。

6.2　如事件不可控制时，应立即启动站场《应急处置预案》进行处理。

模块二　站场仪表计量系统操作与维护

项目一　压力(差压)变送器启停操作与维护

1　项目简介

以罗斯蒙特3051型压力(差压)变送器为例。

3051型压力(差压)变送器内有一隔离膜片,压力信号的变化经变送器内含的一种灌充液(硅油与惰性液)通过隔离膜片转换为电容的变化传送至压力传感膜头,压力传感膜头将输入的电容信号直接转换成可供电子板模块处理的数字信号,再经电子线路处理转化为二线制4~20mA·DC模拟量输出叠加HART信号。

3051型变送器主要部件为传感器模块和电子元件外壳。如图3-12所示。

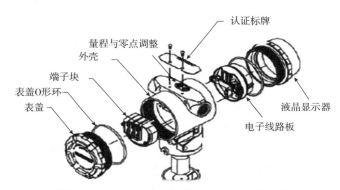

图3-12　3051型压力(差压)变送器结构图

2　操作前准备

2.1　劳保穿戴整齐。

穿戴标准配置的劳保用品:安全帽帽壳、帽箍、顶带完好,后箍、下颌带调整松紧合适、固定可靠,女同志头发盘于帽内;工衣袖口、领口扣子扎紧;工鞋大小合适,鞋带绑扎松紧合适不落地。

2.2　工具、用具准备。

可燃气体检测仪、防爆对讲机、万用表、验漏壶、毛巾、防爆工具、防爆手电(夜间携带)等,并保证对讲机和检测仪处于良好状态。

2.3　操作前的检查和确认。

2.3.1　目视检查变送器各部件无损伤、无腐蚀现象,发现产生腐蚀的附着物应清除干净。

2.3.2　密封压盖和O形环的检查:变送器为防水、防尘结构,应确认密封压盖和O形环无损伤和老化,另外,严禁有异物附着在螺纹处。

2.3.3　检查确认压力(差压)变送器各处连接阀门关闭,接口处无流体泄漏。

2.3.4　确认接到了调控中心指令或调控中心同意操作。

3　操作步骤

3.1　压力变送器投运操作。

3.1.1　接通压力变送器供电电源。

3.1.2　打开压力变送器根部控制阀。

3.1.3　缓慢打开压力变送器进口阀，向压力变送器充压。

3.1.4　验漏。

3.1.5　观察压力变送器示值显示是否正常，并与中控室及现场压力表比对。

3.2　压力变送器停运操作。

3.2.1　关闭压力变送器进口阀（长期停运关闭压力变送器根部控制阀）。

3.2.2　打开压力变送器放空阀，观察仪表显示。

3.2.3　关闭压力变送器供电电源。

3.3　五阀组差压变送器投运操作。

3.3.1　接通差压变送器供电电源。

3.3.2　打开差压变送器高、低压端根部阀，打开五阀组平衡阀，再缓慢打开高压侧进口阀，关闭平衡阀，缓慢打开低压侧进口阀。

3.3.3　观察差压变送器示值显示是否正常，并验漏。

3.4　五阀组差压变送器停运操作。

3.4.1　先关闭高压侧进口阀，再打开平衡阀，缓慢关闭低压侧进口阀，关闭平衡阀。

3.4.2　打开放空阀，观察仪表显示。

3.4.3　关闭差压变送器供电电源。

4　操作要点

4.1　投用后应检查变送器各连接处是否渗漏。

4.2　变送器投用后，应检查现场显示是否正常，并与中控室核实显示示值是否一致。

4.3　开关阀门时，应缓慢平稳，避免冲击损坏仪表零部件。

5　安全注意事项

5.1　操作人员侧身操作，禁止正对放压口，防止放空时高压气体（液体）对操作者造成伤害。

5.2　若拆卸仪表，应通知专业人员将仪表控制回路断开，再进行拆卸。

5.3　隔爆型变送器的修理必须断电后在安全场所进行。

6　检查与维护

6.1　日检查内容。

6.1.1　检查变送器、铭牌，标识清洁无污物。

6.1.2　检查变送器是否有异常振动，异常响声。

6.1.3　检查变送器显示是否正常，与中控室核实显示示值是否一致。

6.2　季度检查内容。

6.2.1　对日检查内容进行全面检查。

6.2.2　检查变送器零部件是否完好，有无锈蚀、损坏。

6.2.3　检查取压管及接头处有无漏气现象。

6.2.4　检查防雷接地线是否牢固。

6.2.5 检查接线盒内有无水汽或进水现象。

6.3 年检查内容。

每年对变送器进行检定,确保测量准确。

7 故障分析判断与处置

压力(差压)变送器故障分析判断与处理,见表3-4。

表3-4 故障分析判断与处理

故障	原因	处理方法
压力信号不稳	1. 压力源本身是一个不稳定的压力; 2. 变送器信号线缆屏蔽层双端同时接地,抗干扰能力不强; 3. 传感器本身振动很厉害; 4. 变送器敏感部件隔离膜片变形、破损; 5. 引压管泄漏或堵塞	1. 稳定压力源; 2. 信号线缆屏蔽层单端接地; 3. 检查并固定变送器; 4. 更换传感器(由专业人员操作); 5. 清洗疏通引压管,排除漏点
变送器无输出	1. 传感器接错线; 2. 信号线路本身断路或虚接; 3. 传感器损坏	1. 检查传感器线路并排除; 2. 检查断路或虚接点并排除; 3. 更换传感器
压力(压差)读数偏高或偏低	1. 电子线路板损坏,变送器内防雷元件烧坏; 2. 4~20mA电流信号不稳定; 3. 电缆干扰; 4. 接地线接地不标准	1. 更换电子线路板; 2. 进行信号输出调整; 3. 检查电缆排除干扰源,规范接地线接法

8 突发事件应急处置

8.1 现场出现火灾爆炸时,应立即停止作业,妥善处理现场。

8.2 如事件不可控制时,应立即启动站场《应急处置预案》进行处理。

项目二 更换压力变送器操作

1 项目简介

当压力变送器出现故障时,需更换检定合格的压力变送器,保证压力数据准确,为生产分析提供准确的压力资料。

2 操作前准备

2.1 劳保穿戴整齐。

穿戴标准配置的劳保用品:安全帽帽壳、帽箍、顶带完好,后箍、下颌带调整松紧合适、固定可靠,女同志头发盘于帽内;工衣袖口、领口扣子扎紧;工鞋大小合适,鞋带绑扎松紧合适不落地。

2.2 工具、用具准备。

可燃气体检测仪、防爆对讲机、万用表、验漏壶、毛巾、防爆工具、防爆手电(夜间携带)等,并保证对讲机和检测仪处于良好状态。

2.3 操作前的检查和确认。

2.3.1 记录更换前压力变送器压力数据。

2.3.2 确认中控室上位机上该压力变送器处于维护状态。

2.3.3 确认压力变送器已断电。

2.3.4 确认接到了调控中心指令或调控中心同意操作。

3 操作步骤

3.1 关闭压力变送器控制手柄，缓慢打开放空手柄，泄压为零。

3.2 打开压力变送器接线端子盖，拆下电源信号线，标识线序并进行绝缘处理。

3.3 拆卸压力变送器。

3.4 安装校验合格的压力变送器。

3.5 将电源信号线按照线序接于变送器相应的端子，确认无误后拧紧接线端子盖。

3.6 关闭压力变送器放空手柄，缓慢打开控制手柄，验漏。

3.7 在中控室上位机上取消维护，对比确认压力显示正常。

3.8 做好记录，收拾工具，清理现场。

4 操作要点

4.1 投用后应检查压力变送器各连接处是否渗漏。

4.2 压力变送器投用后，应检查现场显示是否正常，并与中控室核实显示示值是否一致。

4.3 开关阀门时，应缓慢平稳，避免冲击损坏仪表零部件。

5 安全注意事项

5.1 操作人员侧身操作，禁止正对放压口，防止放空时高压气体(液体)对操作者造成伤害。

5.2 更换前应通知专业人员将仪表控制回路断开，再进行拆卸。

5.3 若拆卸压力变送器检修时，则先关闭根部阀，缓慢打开放空阀，放空后关闭放空和进口阀，然后关闭压力变送器电源开关。

5.4 拆下的电源信号线须做绝缘处理。

6 突发事件应急处置

6.1 现场出现火灾爆炸时，应立即停止作业，妥善处理现场。

6.2 如事件不可控制时，应立即启动站场《应急处置预案》进行处理。

项目三　温度变送器启停操作与维护

1 项目简介

目前使用的温度测量仪表主要有两种：

(1)PT100铂热电阻。它是利用其内的导体或者半导体的电阻值与温度变化成一定比例测量温度值，当温度增加，电阻增大，温度降低，电阻减小。

(2)一体化温度变送器。它是通过变送器读取铂热电阻的电阻信号，通过不平衡电桥将电阻信号转换为 $4 \sim 20mA$ 的电流信号上传或者就地显示温度。

2 操作前准备

2.1 劳保穿戴整齐。

穿戴标准配置的劳保用品：安全帽帽壳、帽箍、顶带完好，后箍、下颌带调整松紧合适、固定可靠，女同志头发盘于帽内；工衣袖口、领口扣子扣紧；工鞋大小合适，鞋带绑扎松紧合适不落地。

2.2 工具、用具准备。

可燃气体检测仪、防爆对讲机、万用表、验漏壶、毛巾、防爆工具、防爆手电(夜间携带)等，并保证对讲机和检测仪处于良好状态。

2.3　操作前的检查和确认。

2.3.1　检查确认温度变送器运行状态。

2.3.2　检查确认温度变送器配管配线腐蚀、损坏程度及其他机械结构件完好性。

2.3.3　确认接到了调控中心指令或调控中心同意操作。

3　操作步骤

3.1　温度变送器投运。

3.1.1　开启温度变送器电源开关，变送器投用。

3.1.2　观察温度变送器示值显示是否正常，并与中控室及现场温度表比对。

3.2　温度变送器停运。

3.2.1　关闭温度变送器电源开关。

3.2.2　做好停运记录。

4　操作要点

现场操作后，检查温度变送器显示是否正常，并与中控室核实显示示值是否一致。

5　安全注意事项

5.1　通电情况下打开电子单元盖和端子盖，易导致信号线路短接或接地，造成浪涌保护器通道损坏或模拟量模块报警、通道损坏。

5.2　阴雨天气设备潮湿、进水，引起信号线短接或接地，导致机柜内控制该温度变送器的保险烧毁或模拟量通道烧毁。

5.3　接地线存在虚接，导致雷雨天气击坏变送器。

6　检查与维护

6.1　日检查内容。

6.1.1　检查变送器、铭牌、标识清洁无污物。

6.1.2　检查变送器是否有异常振动、异常响声。

6.1.3　检查变送器显示是否正常、变化灵敏，和站控机是否一致。

6.2　季度检查内容。

6.2.1　对日检查内容进行全面检查。

6.2.2　检查变送器零部件是否完好，有无锈蚀、损坏。

6.2.3　接线盒内有无水汽或进水现象。

6.3　年检查内容。

每年对基本误差、绝缘电阻和绝缘电流进行一年一次的定期检定，确保变送器显示值准确。

7　故障分析判断与处置

温度变送器故障分析判断与处理，见表3-5。

表3-5　故障分析与处理

故障	原因	处理方法
显示值比实际值低或不稳定	接线柱间腐蚀或热电阻短路(有水滴等)	1. 找到短路处清理干净或吹干； 2. 加强绝缘

故障	原因	处理方法
显示仪表指示无穷大	1. 热电阻或引出线断路； 2. 接线端子松开	1. 更换热电阻； 2. 拧紧接线螺丝
热电阻阻值随温度关系无变化	热电阻丝材料受腐蚀变质	更换热电阻
仪表指示负值	1. 仪表与热电阻接线有错； 2. 热电阻有短路现象	1. 改正接线； 2. 找出短路处，加强绝缘
温度读数偏高或偏低	1. 电子线路板损坏； 2. 温度信号不稳定； 3. 电缆干扰或接地线接地不标准	1. 更换电子线路板； 2. 进行信号输出调整； 3. 检查电缆排除干扰源，规范接地线接法

8 突发事件应急处置

8.1 现场出现火灾爆炸时，应立即停止作业，妥善处理现场。

8.2 如事件不可控制时，应立即启动站场《应急处置预案》进行处理。

项目四 更换温度变送器操作

1 项目简介

当温度变送器出现故障时，需更换检定合格的温度变送器，保证温度数据准确，为生产分析提供准确的温度资料。

2 操作前准备

2.1 劳保穿戴整齐。

穿戴标准配置的劳保用品：安全帽帽壳、帽箍、顶带完好，后箍、下颌带调整松紧合适、固定可靠，女同志头发盘于帽内；工衣袖口、领口扣子扎紧；工鞋大小合适，鞋带绑扎松紧合适不落地。

2.2 工具、用具准备。

可燃气体检测仪、防爆对讲机、万用表、验漏壶、毛巾、防爆工具、防爆手电（夜间携带）等，并保证对讲机和检测仪处于良好状态。

2.3 操作前的检查和确认。

2.3.1 记录更换前温度变送器温度数据。

2.3.2 确认中控室上位机上该温度变送器处于维护状态。

2.3.3 确认温度变送器已断电。

2.3.4 确认接到了调控中心指令或调控中心同意操作。

3 操作步骤

3.1 卸开温度变送器接线端子盖，抽出电源线、信号线，标示线序并进行绝缘处理。

3.2 拆卸温度变送器。

3.3 安装校验合格的温度变送器。

3.4 将电源线和信号线按照线标分别接至对应的接线柱上，确认无误后拧紧接线端子盖。

3.5 在中控室上位机上取消维护，对比确认温度显示正常。

3.6　做好记录，收拾工具，清理现场。

4　操作要点

4.1　拆下的电源信号线必须做绝缘处理。

4.2　安装时按正负极连接电源，并送电。

4.3　压线螺母应旋紧以保证气密性。

4.4　更换后应检查现场显示是否正常，中控室上位机显示与现场一致。

5　安全注意事项

5.1　卸松温度变送器检查套管是否穿孔，防止套管穿孔气体刺出伤人。

5.2　外壳应牢固接地避免干扰。

6　突发事件应急处置

6.1　现场出现火灾爆炸时，应立即停止作业，妥善处理现场。

6.2　如事件不可控制时，应立即启动站场《应急处置预案》进行处理。

项目五　超声波流量计拆卸操作

1　项目简介

超声波流量计采用超声波检测技术测定气体流量，通过测量超声波沿气流顺向和逆向传播的声速差、压力和温度，算出气体的流速及标准状态下气体的流量。超声波流量计由表体、超声换能器、转换器（信号处理单元 SPU）组成。如图 3-13 所示。

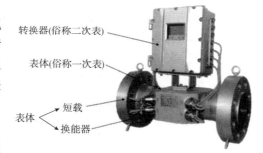

图 3-13　超声波流量计结构图

当超声波流量计到期需送检时，应拆卸流量计送检定部门检定，确保流量计测量准确。

2　操作前准备

2.1　劳保穿戴整齐。

穿戴标准配置的劳保用品：安全帽帽壳、帽箍、顶带完好，后箍、下颌带调整松紧合适、固定可靠，女同志头发盘于帽内；工衣袖口、领口扣子扎紧；工鞋大小合适，鞋带绑扎松紧合适不落地。

2.2　工具、用具准备。

可燃气体检测仪、防爆对讲机、万用表、验漏壶、毛巾、防爆工具等，并保证对讲机和检测仪处于良好状态。

2.3　操作前的检查和确认。

2.3.1　检查确认流量计所敷设的电路接地电阻≤4Ω。

2.3.2　检查确认转换器的外壳和表缆连接，密封良好。

2.3.3　检查确认计量系统的 UPS 工作正常。

2.3.4　确认接到了调控中心指令或调控中心同意操作。

3　操作步骤

3.1　将计量系统中流量计的计量状态改为计量补偿，关闭流量计电源开关。

3.2　切断电源 12min 后，打开转换器后盖。

3.3 拆除电源与信号接线，标示线序并进行绝缘处理。

3.4 上紧转换器后盖，关闭计量直管段上下游阀门。

3.5 将计量流程内的天然气放空。

3.6 将流量计从计量流程上拆下。

3.7 做好记录，收拾工具，清理现场。

4 操作要点

4.1 拆卸流量计后，转换器向上，在不受振动、撞击和雨淋的地方放置，保持干燥通风。

4.2 松压紧螺母时应一手握住高频电缆线，防止在压紧螺母转动时电缆线跟着一起旋转，造成电缆线损坏。

4.3 旋下防爆罩时应握住电缆线，防止其旋转而造成损坏。

5 安全注意事项

5.1 严禁带电、带压操作。

5.2 转换器在断电后，必须等待30s后再次通电使用。

6 突发事件应急处置

6.1 现场出现火灾爆炸时，应立即停止作业，妥善处理现场。

6.2 如事件不可控制时，应立即启动站场《应急处置预案》进行处理。

项目六　超声波流量计安装操作

1 项目简介

当超声波流量计检定合格返回站场后，应及时安装在计量管段上，确保站场流量计时刻处于完好备用状态。

2 操作前准备

2.1 劳保穿戴整齐。

穿戴标准配置的劳保用品：安全帽帽壳、帽箍、顶带完好，后箍、下颌带调整松紧合适、固定可靠，女同志头发盘于帽内；工衣袖口、领口扣子扎紧；工鞋大小合适，鞋带绑扎松紧合适不落地。

2.2 工具、用具准备。

可燃气体检测仪、防爆对讲机、万用表、验漏壶、毛巾、防爆工具等，并保证对讲机和检测仪处于良好状态。

2.3 操作前的检查和确认。

2.3.1 检查确认流量计所敷设电路接地电阻≤4Ω。

2.3.2 检查确认转换器的外壳和表缆连接，密封良好。

2.3.3 检查确认计量系统 UPS 工作正常。

2.3.4 检查确认流量计已检定合格。

2.3.5 确认接到了调控中心指令或调控中心同意操作。

3 操作步骤

3.1 关闭流量计上、下游阀门。

3.2 将超声波流量计安装在计量管道上。

3.3 缓慢开启计量上游阀门充压验漏。

3.4 待管线压力持平后，缓慢开启计量下游阀门。

3.5 打开流量计的电源开关，观察、记录流量计显示屏中的累计流量、瞬时流量、压力、温度，并比对流量计算机中计量数据。

3.6 填写操作记录。

4 操作要点

4.1 安装时表体横竖倾斜角度≤40°。

4.2 安装后应缓慢打开计量直管段上的进气阀门，管线压力变化应≤0.3MPa/min，防止压力变化过大对换能器压电陶瓷芯片造成损伤。

5 安全注意事项

5.1 严禁带电、带压操作。

5.2 转换器在断电后，必须等待30s后再次通电使用。

6 故障分析判断与处置

超声波流量计故障分析判断与处理，见表3-6。

表3-6 故障分析与处理

故障现象	原因分析	处理方法
液晶面板无显示	1. 电源保险丝熔断； 2. 无电源	1. 更换电源保险丝； 2. 检查电源线是否断路
流量显示为零	1. 换能器连接电缆线未正确连接； 2. 换能器表面严重结垢； 3. 管道阀门没有开启； 4. 换能器损坏	1. 按说明书正确连接； 2. 清除换能器表面结垢； 3. 开启管道阀门； 4. 联系制造厂商，更换换能器

7 突发事件应急处置

7.1 现场出现火灾爆炸时，应立即停止作业，妥善处理现场。

7.2 如事件不可控制时，应立即启动站场《应急处置预案》进行处理。

项目七 KSR磁致伸缩液位变送器操作与维护

1 项目简介

磁致伸缩液位变送器以磁致伸缩效应为依据，通过导波脉冲的测量时间检测内部装有磁铁的浮子位置。它主要由磁浮子、传感器及智能化电子装置三部分组成，具有精度高、标定简单、寿命长等特点。如图3-14所示。

2 操作前准备

2.1 劳保穿戴整齐。

穿戴标准配置的劳保用品：安全帽帽壳、帽箍、顶带完好，后箍、下颌带调整松紧合适、固定可靠，女同志头发盘于帽内；工衣袖

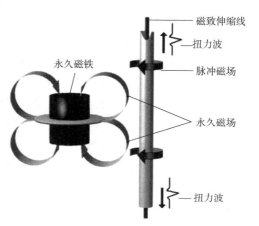

图3-14 磁致伸缩液位变送器示意图

口、领口扣子扎紧；工鞋大小合适，鞋带绑扎松紧合适不落地。

2.2 工具、用具准备。

可燃气体检测仪、防爆对讲机、万用表、验漏壶、毛巾、防爆工具、防爆手电（夜间携带）等，并保证对讲机和检测仪处于良好状态。

2.3 操作前的检查和确认。

2.3.1 检查变送器运行状态。

2.3.2 检查变送器配管配线的腐蚀、损坏程度及其他机械结构件完好性。

2.3.3 检查、验漏仪表的接头和法兰无泄漏。

2.3.4 确认接到了调控中心指令或调控中心同意操作。

3 操作步骤

3.1 开启变送器电源开关，变送器投用。

3.2 检查现场显示是否正常，确认中控室显示和现场一致。

4 操作要点

4.1 若仪表不用时，应放空仪表内的管存气，关闭仪表电源。

4.2 定期对各种仪表进行检定，确保测量准确。

5 安全注意事项

5.1 正常停运或拆卸时，先关闭变送器电源开关。

5.2 通电情况下，严禁打开电子单元盖和端子盖，只允许进行外观检查。

5.3 零点和满度调整：禁止在现场打开端子盖和视窗，只许在控制室内用手持通信器进行调整。

5.4 隔爆型变送器的修理必须断电后在安全场所进行。

5.5 如果变送器需要更换部件，应先切断主电源，将仪表从管线拆下后移至仪表间进行更换或者维修。

5.6 通电情况下，打开电子单元盖和端子盖，易导致信号线路短接或接地，造成防浪涌保护器通道损坏或模拟量模块报警、通道损坏。

5.7 在阴雨天气设备潮湿、进水，引起信号线短接或接地，导致机柜内控制该变送器的保险烧毁或模拟量通道烧毁。

5.8 接地线存在虚接，导致雷雨天气击坏变送器。

6 检查与维护

6.1 日检查内容。

6.1.1 检查变送器、铭牌、标识清洁无污物。

6.1.2 检查变送器是否有异常振动、异常响声。

6.1.3 检查变送器显示是否正常、变化灵敏，和站控机是否一致。

6.2 季度检查内容。

6.2.1 对日检查的内容进行全面检查。

6.2.2 检查送器零部件是否完好，有无锈蚀、损坏。

6.2.3 检查接线盒内有无水汽或进水现象。

6.2.4 检查防雷接地线是否牢固。

6.3 年检查内容。

每年对变送器进行检定，确保示值精度。

7　故障分析判断与处置

磁致伸缩液位变送器故障分析判断与处理，见表 3 – 7。

表 3 – 7　故障分析与处理

故障	故障原因	处理方法
变送器无输出	1. 接错线(仪表和传感器都要检查)； 2. 信号线本身断路或短路； 3. 传感器损坏	1. 检查传感器线路故障并排除； 2. 检查信号线断路或短路点并排除； 3. 更换传感器
液位读数偏高或偏低	1. 电子线路板损坏； 2. 电流信号不稳定； 3. 电缆干扰； 4. 接地线接地不标准	1. 更换电子线路板； 2. 进行电流信号输出调整； 3. 检查电缆排除干扰源； 4. 规范接地线接法

8　突发事件应急处置

8.1　现场出现火灾爆炸时，应立即停止作业，妥善处理现场。

8.2　如事件不可控制时，应立即启动站场《应急处置预案》进行处理。

项目八　更换压力表操作

1　项目简介

压力表通过表内的敏感元件(波登管、膜盒、波纹管)的弹性形变，再由表内机芯的转换机构将压力形变传导至指针，引起指针转动显示压力。

当压力表出现以下情形时，须更换检定合格的压力表，确保压力表准确显示真实压力值，为生产分析提供准确的压力资料。

1.1　压力表指针无法归零。

1.2　压力表指针明显弯曲变形。

1.3　压力表外观损坏(金属罩锈蚀、玻璃片破裂、校验铅封脱落、指示刻度模糊不清等)。

1.4　压力指示值与真实值偏差较大。

1.5　压力表测量元件破裂渗漏。

1.6　压力表检定不合格或超过检定期。

2　操作前准备

2.1　劳保穿戴整齐。

穿戴标准配置的劳保用品：安全帽帽壳、帽箍、顶带完好，后箍、下颌带调整松紧合适、固定可靠，女同志头发盘于帽内；工衣袖口、领口扣子扎紧；工鞋大小合适，鞋带绑扎松紧合适不落地。

2.2　工具、用具准备。

可燃气体检测仪、防爆对讲机、验漏壶、密封垫片、润滑脂、压力表、活动扳手、毛巾等，并保证对讲机和检测仪处于良好状态。

2.3　操作前的检查和确认。

2.3.1 检查确认操作前的工具准备齐全。

2.3.2 检查确认压力表示值正常。

2.3.3 检查确认压力表接头处无跑、冒、滴、漏等现象。

2.3.4 确认接到了调控中心指令或调控中心同意操作。

3 操作步骤

3.1 关闭压力表取压针形阀。

3.2 用扳手松动压力表接头，缓慢卸去针阀至压力表接头管段内的天然气直到压力表示值为零(如安装带有放空阀的取压针形阀，则关闭根部取压阀后打开放空阀，缓慢卸去针阀至压力表接头管段内的天然气，直到压力表示值为零)。

3.3 缓慢卸下压力表。

3.4 打开取压针阀，吹扫取压管内的污物后，再关闭取压针阀。

3.5 选取合适的压力表及密封垫片，安装压力表。

3.6 缓慢打开取压阀，观察压力表起压情况，待压力表指针基本稳定后进行验漏。

3.7 操作完毕后向调控中心汇报，并做好记录。

4 操作要点

4.1 备用压力表玻璃应为无色透明，不应有妨碍读数的缺陷和损伤。

4.2 备用压力表分度盘上的刻线、数字和其他标志应清晰准确。

4.3 压力表拆卸、安装时需要轻拿轻放，放置压力表时表盘应朝下，以免表盘受损。

4.4 仪表在测量稳定负荷时，不得超过测量上限的2/3；测量波动压力时，不得超过测量上限的1/2。两种情况下，最低压力都不应低于测量上限的1/3。

4.5 仪表应按照设计要求垂直安装，搬运装接时应避免振动和碰撞。

5 安全注意事项

5.1 开启根部阀时应缓慢，防止压力冲击损坏压力表。

5.2 操作时要侧身，防止吹扫时高压气体(液体)对操作者造成伤害。

6 突发事件应急处置

6.1 现场出现火灾爆炸时，应立即停止作业，妥善处理现场。

6.2 如事件不可控制时，应立即启动站场《应急处置预案》进行处理。

项目九 双金属温度计拆卸操作

1 项目简介

双金属温度计是利用不同金属膨胀系数不同的原理。由于热膨胀系数不同，双金属片在测量温度时，两面的热胀冷缩程度不同，其弯曲程度发生改变，带动指针指向刻度盘上的读数，显示被测物质的温度。

若使用过程中出现数值显示不准确或到期送检校验，需拆卸温度计送检定部门检定，确保示值测量准确。

2 操作前准备

2.1 劳保穿戴整齐。

穿戴标准配置的劳保用品：安全帽帽壳、帽箍、顶带完好，后箍、下颌带调整松紧合适、固定可靠，女同志头发盘于帽内；工衣袖口、领口扣子扎紧；工鞋大小合适，鞋带绑扎松紧合适不落地。

2.2　工具、用具准备。

防爆对讲机、毛巾、防爆工具等，并保证对讲机处于良好状态。

2.3　操作前的检查和确认。

2.3.1　检查确认本体连接件无泄漏、损坏、腐蚀。

2.3.2　检查确认周围环境不存在危险因素(如天然气泄漏)。

2.3.3　确认接到了调控中心指令或调控中心同意操作。

3　操作步骤

3.1　拧松活接头。

3.2　将温度计从套管中取出。

4　操作要点

连接管道的仪表接头应用扳手固定住，以免松动。

5　安全注意事项

5.1　确认工艺流程，操作时温度计不会影响正常生产，与调控中心联系说明情况，得到同意后方可进行工作。

5.2　拆下后用干净的布或其他物品将管道上的仪表接口封盖住以免杂物落入。

5.3　卸松温度计检查套管是否穿孔，防止气体刺出伤人。

6　突发事件应急处置

6.1　现场出现火灾爆炸时，应立即停止作业，妥善处理现场。

6.2　如事件不可控制时，应立即启动站场《应急处置预案》进行处理。

项目十　双金属温度计安装操作

1　项目简介

双金属温度计的安装，应注意有利于测温准确，安全可靠及维修方便，而且不影响设备运行和生产操作。

2　操作前准备

2.1　劳保穿戴整齐。

穿戴标准配置的劳保用品：安全帽帽壳、帽箍、顶带完好，后箍、下颌带调整松紧合适、固定可靠，女同志头发盘于帽内；工衣袖口、领口扣子扎紧；工鞋大小合适，鞋带绑扎松紧合适不落地。

2.2　工具、用具准备。

防爆对讲机、毛巾、防爆工具等，并保证对讲机处于良好状态。

2.3　操作前的检查和确认。

2.3.1　检查本体连接件无泄漏、损坏、腐蚀。

2.3.2　温度计所用表头的玻璃或其他透明材料应保持透明，不得有妨碍读数的缺陷或损伤。

2.3.3　温度计上的刻线、数字和其他标志应完整、清晰、正确。

2.3.4　确认接到了调控中心指令或调控中心同意操作。

3 操作步骤

3.1 在温度计套内加入适宜的导热油。

3.2 将温度计放入套内，旋紧。

4 操作要点

4.1 安装双金属温度计，禁止拧表头。

4.2 温度计面板应朝向操作者。

4.3 若站控机或流量计算机上有该检测部位的温度远传数据，应对比两者的合理性。

4.4 仪表应按照设计要求垂直安装，搬运装接时应避免振动和碰撞。

4.5 仪表在测量温度时，禁止超过仪表测量范围使用。

4.6 各部件装配要牢固，禁止有松动、锈蚀现象。

5 安全注意事项

5.1 确认工艺流程，操作时温度计不会影响正常生产，与调控中心联系说明情况，得到同意后方可进行工作。

5.2 确认周围环境不存在危险因素（如天然气泄漏），用防爆扳手操作。

5.3 仪表在测量温度时，不得超过仪表测量范围使用。

5.4 在测量黏度、腐蚀性较大介质和剧变的波动压力时，应添加隔离装置和缓冲装置。

6 故障分析判断与处置

双金属温度计故障分析判断与处理，见表 3 - 8。

表 3 - 8　故障分析与处理

故障	原因	处理方法
指示不正确	1. 双金属感温元件损坏； 2. 指针松动	1. 送检维修，更换感温元件； 2. 送检维修，紧固指针
表盘内进水	表盘密封不严，雨水渗漏进入表盘内	1. 对表盘进行密封处理； 2. 安装遮雨罩

7 突发事件应急处置

7.1 现场出现火灾爆炸时，应立即停止作业，妥善处理现场。

7.2 如事件不可控制时，应立即启动站场《应急处置预案》进行处理。

模块三　天然气脱水系统操作

项目一　脱水装置系统清洗操作

1　项目简介

天然气从气田中开采出来后，含有一定量水分，为满足天然气管道输送要求，必须对天然气进行脱水处理。

站场采用甘醇吸收法脱水工艺。即利用脱水溶剂三甘醇与水有相似的分子结构（都有"羟基"），根据相似者相溶原理，达到脱水目的。

新装置原始开车前需要先对系统进行清洗、碱洗、干燥和置换，以上步骤均需和吸收装置一起进行。

2　操作前准备

2.1　劳保穿戴整齐。

穿戴标准配置的劳保用品：安全帽帽壳、帽箍、顶带完好，后箍、下颌带调整松紧合适、固定可靠，女同志头发盘于帽内；工衣袖口、领口扣子扎紧；工鞋大小合适，鞋带绑扎松紧合适不落地。

2.2　工具、用具准备。

防爆F扳手、防爆对讲机、毛巾、护目镜、胶皮手套、排污桶等，并保证对讲机处于良好状态。

2.3　操作前的检查和确认。

2.3.1　检查确认紧急切断阀、安全阀、调节阀等阀门检验、调整无误，动作灵活可靠，并已处于工作状态。

2.3.2　检查确认机械过滤器、活性炭过滤器滤芯已拆除。

2.3.3　检查确认循环泵机油液位在2/3，盘车3~5圈无异响。

3　操作步骤

3.1　投用TEG储罐的液位计。拆人孔或其他法兰接入临时管向储罐补充脱盐水约80%液位。

3.2　待水位达到后，打开氮气出口阀向TEG储罐注入氮气，将清水注入重沸器缓冲罐，投用缓冲罐的液位计。

3.3　打开TEG循环泵进口阀，拆开进口过滤器冲洗管道，待冲洗水干净后，给循环泵充液，按照泵的使用说明书调试循环泵。在完成循环泵的调试后，打通循环泵出口至吸收塔的管线，往吸收塔注入清水。投用吸收塔的液位计，同时用氮气为吸收塔充压至0.4~0.7MPa。当吸收塔液位至50%时，打开吸收塔底部切断阀，手动缓慢打开调节阀前切断阀，并打开导淋进行冲洗。

3.4　冲洗完成后，关闭该阀，打开去精馏柱调节阀和旁路阀，使清水通过精馏柱，再进入闪蒸罐。

3.5　手动缓慢打开闪蒸罐出口调节阀前切阀，并打开导淋进行冲洗，待冲洗干净后关闭该阀。打开调节阀和旁路阀，让清水通过机械过滤器和活性炭过滤器进行冲洗。

3.6 管道冲洗干净后，关闭回收阀，清水通过贫富液换热器进入重沸器。

3.7 将重沸器的液位计投入使用，此时应保持对 TEG 补充罐的补水，同时用氮气为再生塔充压至 30kPa，建立清水循环。

3.8 清洗 4h 后，检查各排污点的清洁情况。

3.9 计算系统循环所需的溶液量，为后面配置碱液作准备。

3.10 投用火管燃烧系统，控制重沸器温度在 70～90℃。

3.11 清水热循环 8h 后，当清水循环温度降到 40℃以下，停循环泵，关闭各调节阀。

3.12 通过低排点将系统溶液排尽。

4 操作要点

4.1 调节阀的旁通、各处排污口、压力变送器引压管、液位计均应清洗。

4.2 可不定时打开排污阀，目测污水状况，如果循环过程中溶液太脏，则停止两塔循环，在各容器排液完毕后，按上述所述程序重新建立清水循环。

4.3 清洗期间应加强各导淋的排放，以利于杂质的排出。

5 安全注意事项

5.1 严格执行中国石化"7＋1"安全管理制度中有关管理规定。

5.2 检查各排污点的清洁情况时，个人防护设备穿戴齐全，防止人身伤害。

5.3 手动操作工艺系统阀门时，应侧身操作，防止阀杆飞出伤人。

6 突发事件应急处置

6.1 现场出现火灾爆炸时，应立即停止作业，妥善处理现场。

6.2 如事件不可控制时，应立即启动站场《应急处置预案》进行处理。

项目二 脱水装置系统碱洗操作

1 项目简介

新装置原始开车前需要先对系统进行清洗、碱洗、干燥和置换，以上步骤均需和吸收装置一起进行。

2 操作前准备

2.1 劳保穿戴整齐。

穿戴标准配置的劳保用品：安全帽帽壳、帽箍、顶带完好，后箍、下颌带调整松紧合适、固定可靠，女同志头发盘于帽内；工衣袖口、领口扣子扎紧；工鞋大小合适，鞋带绑扎松紧合适不落地。

2.2 工具、用具准备。

防爆 F 扳手、防爆对讲机、毛巾、护目镜、胶皮手套、排污桶、pH 试纸等，并保证对讲机处于良好状态。

2.3 操作前的检查和确认。

2.3.1 检查确认紧急切断阀、安全阀、调节阀等阀门检验、调整无误，动作灵活可靠，并已处于工作状态。

2.3.2 检查确认机械过滤器、活性炭过滤器滤芯已拆除。

2.3.3 检查确认循环泵机油液位在 2/3，盘车 3～5 圈无异响。

3　操作步骤

3.1　配置3%(wt)浓度的碳酸钠溶液，由重沸器顶部人孔灌入重沸器和缓冲罐。

3.2　启动三甘醇循环泵，将碱液打入吸收塔，同时继续向重沸器中罐加入碱液，建立吸收塔塔底液位。

3.3　吸收塔缓慢增压到0.7MPa(G)左右，仔细检查装置无泄漏。

3.4　打开吸收塔塔底调节阀，使碱液进入闪蒸罐。

3.5　关闭碱液加入口。

3.6　打开闪蒸罐底部调节阀，使碱液进入精馏柱，建立循环。

3.7　碱液冷循环维持4h。

3.8　重沸器点火，加热碱液，控制碱液温度在70℃左右，对系统热碱洗，约10h。

3.9　碱洗完成后，排尽系统碱液。

4　操作要点

4.1　调节阀的旁通、各处排污口、压力变送器引压管、液位计均应清洗。

4.2　可不定时地打开排污阀，目测污水状况。

4.3　碱洗完成排液时应保持吸收塔及闪蒸罐内保持0.2~0.4MPa的氮气压力。

4.4　碱洗完成并排尽液体后，按照冷碱洗的方法反复用清水清洗系统，确保清洗后的清水pH=7，分析水中的总固体含量<100ppm(wt%)，泡高≤300mL，消泡时间≤20s，合格后停止清洗液循环，放净系统并加氮气保护至微正压。

5　安全注意事项

5.1　严格执行中国石化"7+1"安全管理制度中有关管理规定。

5.2　检查各排污点的清洁情况时，个人防护设备穿戴齐全，防止人身伤害。

5.3　因本装置是三甘醇脱水装置，系统中残留的水分对三甘醇脱水效果影响较大，如不将系统中的水分除去，将会造成初期三甘醇吸收饱和，因此整个系统必须经过干燥后才能投入使用。

5.4　在系统正式投入联动运行前，为防止易燃易爆物料和空气混合形成爆炸性混合物，启动前必须用干燥氮气对所有设备(包括备用设备)、管道内部的空气逐段进行置换。置换合格后对系统维持约0.05MPa的正压，等待装置启动。

5.5　手动操作工艺系统阀门时，应侧身操作，防止阀杆飞出伤人。

6　突发事件应急处置

6.1　现场出现火灾爆炸时，应立即停止作业，妥善处理现场。

6.2　如事件不可控制时，应立即启动站场《应急处置预案》进行处理。

项目三　脱水装置原始开车操作

1　项目简介

为了装置一次性开车顺利成功，并达到最佳运行效果，对脱水装置进行首次开车运行，便于及时发现问题、处理整改问题。

2　操作前准备

2.1　劳保穿戴整齐。

穿戴标准配置的劳保用品：安全帽帽壳、帽箍、顶带完好，后箍、下颌带调整松紧合适、固定可靠，女同志头发盘于帽内。工衣袖口、领口扣子扎紧。工鞋大小合适，鞋带绑扎松紧合适不落地。

2.2　工具、用具准备。

防爆 F 扳手、可燃气体检测仪、防爆对讲机、防爆扳手、验漏壶、毛巾等，并保证对讲机和检测仪处于良好状态。

2.3　操作前的检查和确认。

2.3.1　检查确认液位计投用，排污阀关闭。

2.3.2　检查各联锁处于投用状态。

2.3.3　检查确认所有法兰已正确连接，螺栓螺母已拧紧，配管接头已衔接完整。

2.3.4　检查确认机械过滤器、活性炭过滤器滤芯已安装。

2.3.5　检查确认循环泵机油液位在 2/3，盘车 3～5 圈无异响。

3　操作步骤

3.1　打开氮气出口阀向 TEG 储罐注入氮气，将 TEG 储罐中的三甘醇溶液注入重沸器至正常液位的 2/3 停注。

3.2　首次开车时开启燃料气进燃料气缓冲罐管线阀门，使其保持 0.3MPa（G）。待重沸器的温度缓慢提升，温度设置至 200℃。

3.3　给 TEG 循环泵充液，打通 TEG 循环泵出口至吸收塔的管线，往吸收塔注入三甘醇溶液。当吸收塔液位至 50% 时，打开吸收塔底部切断阀，手动缓慢打开调节阀，让三甘醇溶液通过塔顶精馏柱后进入闪蒸罐。调节闪蒸罐液位控制器，当闪蒸罐中的三甘醇液位达到液位计的中点时调节出液阀，然后进入精馏柱。

3.4　打开汽提气管路阀门系统，通过调节阀控制汽提气的流量。三甘醇系统已完全运转，三甘醇再生撬开车完成。

4　操作要点

4.1　装置首次开车时，打开燃料气控制阀，使气体能够进入闪蒸罐。这样当三甘醇开始流动时，系统压力就足够驱动三甘醇循环返回。

4.2　汽提气流量的最终设定值取决于装置的露点要求，干气的露点要求越高，汽提气用量越大。

4.3　首次开车时重沸器的温度控制器应调低温度，防止主燃气阀突然打开，触发高温关断。

5　安全注意事项

5.1　如重沸器一次点火不成功，应间隔 3～5min 后再次点火，并检查排除点火系统上的故障。

5.2　手动操作工艺系统阀门时，应侧身操作，防止阀杆飞出伤人。

6　突发事件应急处置

6.1　现场出现火灾爆炸时，应立即停止作业，妥善处理现场。

6.2　如事件不可控制时，应立即启动站场《应急处置预案》进行处理。

项目四　脱水装置正常开车操作

1　项目简介

富三甘醇由吸收塔底部富液出口出塔，经一级过滤器后进入三甘醇再生塔塔顶盘管，被塔顶蒸汽加热至40℃后进入三甘醇闪蒸罐，三甘醇由闪蒸罐下部流出，依次进入三甘醇二级、三级过滤器。经过滤后富甘醇进入贫/富三甘醇换热器，换热升温至160℃后进入三甘醇再生塔。

在三甘醇再生塔中，通过提馏段、精馏段、塔顶回流及塔底重沸的综合作用，使富甘醇中的水分分离出塔。塔顶水蒸气经富三甘醇溶液冷却后，进入冷凝水缓冲罐。重沸器中的贫甘醇溢流至重沸器下部三甘醇缓冲罐。贫三甘醇液从缓冲罐进入板式换热器，与富甘醇换热，温度降至48.5℃左右进三甘醇循环泵，由泵增压后进套管式气液换热器与外输气换热至35℃进吸收塔吸收天然气中的水分。

2　操作前准备

2.1　劳保穿戴整齐。

穿戴标准配置的劳保用品：安全帽帽壳、帽箍、顶带完好，后箍、下颌带调整松紧合适、固定可靠，女同志头发盘于帽内；工衣袖口、领口扣子扎紧；工鞋大小合适，鞋带绑扎松紧合适不落地。

2.2　工具、用具准备。

防爆F扳手、可燃气体检测仪、防爆对讲机、验漏壶、毛巾等，并保证对讲机和检测仪处于良好状态。

2.3　操作前的检查和确认。

2.3.1　检查确认液位计投用，各液位正常。

2.3.2　检查各联锁处于投用状态。

2.3.3　检查确认吸收塔至三甘醇流程、自用气撬流程已导通。

2.3.4　检查确认PSU机柜送电，并吹扫30min。

2.3.5　检查确认循环泵机油液位在2/3，盘车3～5圈无异响。

3　操作步骤

3.1　启泵操作。

3.1.1　打开柱塞泵回流管线控制阀及放空阀。

3.1.2　在PLC控制柜画面上点击"循环泵"，选择"允许启"，调频率输入"10Hz"，现场电源控制柜将循环泵合闸，点击"启泵"。当泵后放空阀无气体排出后，关闭放空阀，每10s调节5Hz，直至调至工况要求，关闭柱塞泵回流管线控制阀。

3.1.3　当吸收塔液位满足要求后，检查吸收塔至一级过滤器及闪蒸罐阀门，关闭一级过滤器及闪蒸罐排污阀，开启吸收塔至闪蒸罐液位调节阀，将液位控制在要求范围内，一级过滤器差压也在允许范围内。

3.1.4　检查闪蒸罐至活性炭过滤器及二级过滤器阀门导通，压差在允许范围内，检查二级过滤器至精馏柱阀门导通，建立循环。

3.2 点火操作。

3.2.1 建立液位循环后，在 PLC 控制柜画面上开启燃料气进气阀门，在现场电源控制柜上将燃烧器控制开关合闸，在 PLC 机柜上点击燃烧器选择"允许启"，在燃烧器上点击启/停机按钮。

3.2.2 在天然气进入吸收塔前将温度控制器调至 130℃，防止循环泵前温度过高。当天然气进入吸收塔后，逐步将温度控制器调至 170～190℃。

3.3 停机操作。

3.3.1 现场点击燃烧器启/停机按钮，关闭电源控制柜燃烧器电源，关闭燃料气进口阀。

3.3.2 点击电源控制柜停泵按钮，关闭电源控制柜柱塞泵电源。

3.3.3 关闭吸收塔至一级过滤器液位调节阀。

4 操作要点

4.1 吸收塔、闪蒸罐的液位设定状态应在启动前和运行过程中进行检查，应将其设定为"自动"状态。

4.2 当吸收塔集液箱液位达到设定值后，检查液位调节阀的动作情况，如动作正常方能手动开启下游截止阀。

4.3 操作过程中要防止天然气进入三甘醇再生系统。

4.4 脱水装置运行过程中要注意对上游分离器、过滤器的排污，液位不得超过总液位的 2/3，防止游离态的凝析油、水随天然气进入吸收塔。

4.5 及时调整相关参数使水露点达到设计要求(6.0～7.6MPa，< -15℃)。

4.6 吸收塔进料前应使脱水系统的旁通阀处于开启状态，当采气量平稳后缓慢关闭脱水系统旁通阀，使天然气完全通过吸收塔进行脱水。

5 安全注意事项

5.1 液位范围。

5.1.1 重沸器液位：1100～1400mm。

5.1.2 缓冲罐液位：200～600mm。

5.1.3 闪蒸罐液位：300～600mm。

5.1.4 冷凝罐液位：200～500mm。

5.1.5 吸收塔液位：400～1000mm。

5.2 过滤器差压范围。

5.2.1 一级过滤器差压小于 5kPa。

5.2.2 二级过滤器差压小于 15kPa。

5.3 如重沸器一次点火不成功，应间隔 3～5min 后再次点火，并检查排除点火系统上的故障。

5.4 手动操作工艺系统阀门时，应侧身操作，防止阀杆飞出伤人。

6 突发事件应急处置

6.1 现场出现火灾爆炸时，应立即停止作业，妥善处理现场。

6.2 如事件不可控制时，应立即启动站场《应急处置预案》进行处理。

项目五　脱水装置参数调整及报表填写

1　项目简介

及时调整装置运行参数，是保障设备安全高效运行的关键。录取并填写好真实准确的第一手参数资料，确定设备工作制度是否合理，为设备安全高效运行分析提供依据。

2　操作前准备

2.1　劳保穿戴整齐。

穿戴标准配置的劳保用品：安全帽帽壳、帽箍、顶带完好，后箍、下颌带调整松紧合适、固定可靠，女同志头发盘于帽内；工衣袖口、领口扣子扎紧；工鞋大小合适，鞋带绑扎松紧合适不落地。

2.2　工具、用具准备。

防爆F扳手、可燃气体检测仪、防爆对讲机、验漏壶、毛巾等，并保证对讲机和检测仪处于良好状态。

2.3　操作前的检查和确认。

2.3.1　待脱水装置和气量平稳后，通过分析小屋水露点监测数据进行换算得出外输天然气水露点，并与设计要求（6.0~7.6MPa，水露点小于−15℃）比较，判断是否达到外输要求，如未达到设计要求，则进行相关参数的调整。

2.3.2　首先从中控室脱水装置及三甘醇再生系统界面上查看运行参数是否正常，如有异常立即到现场进行参数调整。

2.3.3　其次从脱水撬控制柜触摸屏上查看相关参数是否在正常范围内运行，如有异常应及时进行调整。

3　操作步骤

3.1　重要工艺操作。

本脱水装置的目的是将湿净化天然气中的饱和水脱除。获得在6.0~7.6MPa下小于−15℃露点的干气。

影响产品气露点的因素主要有三甘醇循环量和贫三甘醇浓度两个参数。

3.1.1　三甘醇循环量。

三甘醇循环量取决于脱水总负荷，脱水负荷取决于进料气量及其含水量（进料气含水量又与进料气的压力、温度有关）。

对于一定的脱水负荷，如果增加三甘醇循环量，可获得更低的露点，但这是对一定的条件而定的；如果循环量增加，而不及时改变再生条件，贫甘醇浓度可能降低反而降低脱水效果。所以，操作人员应根据进料气流量和含水量选择适当的循环量。

3.1.2　三甘醇浓度。

三甘醇脱水浓度，取决于贫甘醇中的残留水含量，含水量越低，脱水浓度越高，干燥后的气体得到更低的水露点，一般情况下，贫三甘醇的浓度为99.0%（质量）。

贫三甘醇的浓度取决于再生操作的温度、压力和汽提气量。其规律是：

（1）再生温度降低，三甘醇溶液中水含量上升，由于三甘醇的分解温度是206.67℃，过高的再生温度会加快三甘醇溶液的裂解速度，所以再生温度控制在195℃。

（2）再生压力升高，溶液沸点上升，贫三甘醇溶液中的水含量增加。

（3）加大再生器的汽提气量，可以降低贫三甘醇溶液中的水含量。

（4）在正常生产期间，应始终监视控制室内和现场显示的液面、流量、压力、温度，并检查装置操作是否正常，如发现异常现象，必须调节操作，以保持装置的正常运转。

3.2 工艺操作变量及调节。

3.2.1 增减气量。

增加或减少脱水气量时，三甘醇溶液循环量和汽提量都要随着脱水气量的增减而增减。

3.2.2 正常操作条件，监视产品气质量的变化，注意调节有关参数，达到优质低耗。

4 操作要点

4.1 每2h应对脱水装置进行一次全面巡检，巡检过程应仔细、认真。

4.2 每2h应记录脱水装置运行数据，取全取准各项数据并将运行数据填写在脱水装置运行报表上。

4.3 注意检查三甘醇循环泵的柱塞泄漏量，如超过规定滴数（30滴/分钟），应对柱塞填料压盖进行紧固。

4.4 参数调整完毕后，应在脱水装置运行日报表上备注参数调整时间、调整原因、调整人，以备查询。

5 安全注意事项

5.1 雨、雪、雾天气巡检过程中，操作人员攀登操作平台过程中应小心磕绊。

5.2 操作设备时，小心烫伤。

6 突发事件应急处置

6.1 现场出现火灾爆炸时，应立即停止作业，妥善处理现场。

6.2 如事件不可控制时，应立即启动站场《应急处置预案》进行处理。

模块四　自用气撬系统操作与维护

项目一　系统投运操作

1　项目简介

自用气撬主要由电加热器、过滤器、调压阀、气动球阀、涡轮流量计、先导式安全阀等组成。

自用气撬主要提供放空火炬、三甘醇再生撬燃烧炉以及站场用气。

2　操作前准备

2.1　劳保穿戴整齐。

穿戴标准配置的劳保用品：安全帽帽壳、帽箍、顶带完好，后箍、下颌带调整松紧合适、固定可靠，女同志头发盘于帽内；工衣袖口、领口扣子扎紧；工鞋大小合适，鞋带绑扎松紧合适不落地。

2.2　工具、用具准备。

可燃气体检测仪、防爆对讲机、万用表、验漏壶、毛巾、内六角扳手一套、活动扳手、密封胶带、验漏液、螺丝刀等，并保证对讲机和检测仪处于良好状态。

2.3　操作前的检查和确认。

2.3.1　检查确认自用气阀组上各安全阀根部阀处于开启状态。

2.3.2　检查确认各压力表处于投运状态。

2.3.3　检查电加热电源状态正常。

2.3.4　检查确认阀门各部件无渗漏，连接附件紧固。

2.3.5　检查确认气动球阀仪表风压力正常。

3　操作步骤

3.1　开启自用气阀组总进口球阀。

3.2　通知中控室开启自用气气动球阀。

3.3　开启一级调节阀前球阀，拧下一级调节阀调节螺钉护罩，轻微旋动调节螺钉进行调整（调节螺钉顺时针旋转，出口压力升高；调节螺钉逆时针旋转，出口压力降低），调整阀后压力在2.5MPa，打开一级调节阀后球阀。

3.4　压力稳定后，开启二级调节阀前球阀，拧下二级调节阀调节螺钉护罩，轻微旋动调节螺钉进行调整，调整阀后压力在0.4MPa，打开二级调节阀后球阀。

3.5　压力稳定后，开启调压后总出口球阀。

3.6　复核，验漏。

4　操作要点

4.1　投运前应缓慢逐级进行调压，时刻关注各级压力变化情况。

4.2　确保每一级调压后压力稳定方可进行下一步调压。

4.3　操作后观察阀门状态、压力变送器数值与中控室上位机阀门状态及参数一致。

5 安全注意事项

5.1 投运时需确认安全阀根部阀处于开启状态。

5.2 操作阀门时应侧身操作，防止阀杆飞出伤人。

6 进口切断阀超压关断处理

6.1 通过中控室查看切断原因，判定超压位置。若一级调压后超压，将一级调压后放空阀打开，将压力放空至要求范围内（2.5MPa 以下）；若二级调压后超压将二级调压后放空阀打开，将压力放空至要求范围内（0.4MPa 以下）。

6.2 切换支路。投用备用支路，关闭在用支路。

6.3 检查电伴热是否投用。若电伴热跳闸，联系供电帮助恢复。

6.4 打开自用气调压撬进口切断阀。

6.5 若电伴热长时间无法恢复，使用热水帮助调压阀解冻。

7 突发事件应急处置

7.1 现场出现火灾爆炸时，应立即停止作业，妥善处理现场。

7.2 如事件不可控制时，应立即启动站场《应急处置预案》进行处理。

项目二 电伴热投运操作

1 项目简介

自限式电伴热带两根导电芯之间分布着起加热作用的半导体高分子材料，其外部由高分子内护套、合金屏蔽网和高分子外护套构成。

2 操作前准备

2.1 劳保穿戴整齐。

穿戴标准配置的劳保用品：安全帽帽壳、帽箍、顶带完好，后箍、下颌带调整松紧合适、固定可靠，女同志头发盘于帽内；工衣袖口、领口扣子扎紧；工鞋大小合适，鞋带绑扎松紧合适不落地。

2.2 工具、用具准备。

防爆对讲机、摇表、钳形表、绝缘手套、毛巾等，并保证对讲机处于良好状态。

2.3 操作前的检查和确认。

2.3.1 检查确认配电系统运行正常。

2.3.2 检查确认各防爆接线盒无损伤和残缺情况。

2.3.3 供电系统、地线和绝缘系统完整，恒温系统和传感器安装完整。

2.3.4 电伴热投用前首先设定好电伴热系统温控启动范围。

3 操作步骤

3.1 将配电室配电机柜相对应开关打到"合"位。

3.2 将现场对应的配电柜总开关打到"合"位后，再将设备电加热器分开关打到"合"位，设备电加热系统投入使用。

3.3 观察设备运行情况是否正常，并与中控室核实一致。

4 操作要点

4.1 用 500V 摇表测量电伴热系统绝缘电阻是否大于 $2M\Omega$，若小于 $0.5M\Omega$，说明系统有故障，应检查处理。

4.2　用钳形表测量电流，检查发热功率是否正常。

5　安全注意事项

5.1　通电的伴热管道如需蒸汽扫线，必须在停电 2h 后进行。

5.2　对管道恒温系统使用前应进行例行检查，对发现电热带、配件、保温层或防水层有损坏者应立即进行更换和维修。

5.3　电伴热启用时发生断路器跳闸，多次强制送电易发生燃烧事故。应停止使用，查清原因，并及时汇报情况维修整改。

6　突发事件应急处置

6.1　现场出现火灾爆炸时，应立即停止作业，妥善处理现场。

6.2　如事件不可控制时，应立即启动站场《应急处置预案》进行处理。

项目三　检查与维护保养

1　项目简介

为有效加强设备管理，正确使用设备，延长设备的使用寿命，保证设备的完好率，对设备的检查维护保养尤为重要。

2　操作前准备

2.1　劳保穿戴整齐。

穿戴标准配置的劳保用品：安全帽帽壳、帽箍、顶带完好，后箍、下颌带调整松紧合适、固定可靠，女同志头发盘于帽内；工衣袖口、领口扣子扎紧；工鞋大小合适，鞋带绑扎松紧合适不落地。

2.2　工具、用具准备。

可燃气体检测仪、防爆对讲机、防毒面具、验漏壶、毛巾、内六角扳手一套、活动扳手、密封胶带、验漏液、螺丝刀等，并保证对讲机和检测仪处于良好状态。

2.3　操作前的检查和确认。

2.3.1　检查确认工具、用具准备齐全。

2.3.2　检查确认现场满足检维修条件。

3　检查操作

3.1　日常检查。

3.1.1　根据巡回检查路线对系统进行日常检查。

3.1.2　通过检测工具检查是否有漏气。

3.1.3　通过"听"检查系统是否有异响。

3.1.4　通过"摸"检查系统有无异常振动。

3.1.5　观察参数是否正常，与中控室核实参数是否一致。

3.2　月度检查。

3.2.1　检查过滤器底部是否存有污物。

3.2.2　检查系统中的阀门是否开关灵活。

3.3　半年检查。

3.3.1　检查系统的性能是否良好。

3.3.2　每 3 年对系统进行一次大修(根据实际使用情况而定)。

4　维护保养

4.1　确保系统卫生清洁，无锈蚀。

4.2　对泄漏部位进行判断、整改(不得带压紧固、更换)。

4.3　过滤器的维护。

4.3.1　每月对过滤器进行排污一次。

(1)排污时打开过滤器底部球阀，排出过滤器中的水直至放出燃气为止，关闭球阀。

(2)排污时应排至容器内(如盆、桶)，并将污物妥善处理。

4.3.2　对过滤器上的差压计读数进行记录。

(1)如果差压计黑色指针与设定位置上的红色指针重合，或红色指针已被带动至超过设定位置，说明滤芯堵塞严重，应及时更换滤芯。

(2)没有差压表的撬可根据过滤器前后就地仪表读数比对判断滤芯工作状态。

4.4　一个月或两个月(根据实际情况而定)对系统中的阀门进行开关活动一次，确保阀门开关灵活。

4.5　每半年对系统的性能(如压力、流量是否满足要求等)进行检查、测试一次，确保系统处于良好状态。

4.6　平均3年对系统进行一次大修，由厂家技术人员进行处理。

5　安全注意事项

5.1　严格执行中国石化"7 + 1"安全管理制度中有关管理规定。

5.2　若设备需维修时，需关闭其前后管路上的阀门，打开管路上的放空阀将管路中的燃气放空，确认压力回零安全后方可操作。

5.3　操作阀门时应侧身操作，防止阀杆飞出伤人。

6　故障分析判断与处理

自用气撬系统故障分析判断与处理，见表3-9。

表3-9　故障分析与处理

常见故障	原因	处理办法
过滤器堵塞	污物过多	排污并清理或更换滤芯
调压器工作不正常	皮膜损坏	更换皮膜
	调压器设定值失准	重新设定
	调压器前端的供气流量不充足	增大供气量
	进口端过滤器堵塞，出口压力过低	排污并清理或更换滤芯

6　突发事件应急处置

6.1　现场出现火灾爆炸时，应立即停止作业，妥善处理现场。

6.2　如事件不可控制时，应立即启动站场《应急处置预案》进行处理。

模块五 火气系统操作与维护

项目一 启动 GST5000 火灾报警控制器(联动型)

1 项目简介

GST5000 火灾报警控制器主要由主控面板(包括液晶显示屏、指示灯区、时间显示区、键盘和打印机)和手动消防启动盘组成。

报警控制器不断向各探测部位的编码探测器发送编码脉冲信号。当该信号与某部位的探测器编码相同时,探测器响应,返回信息,判断该部位是否正常。若正常,主机(CPU)继续巡检其他部位的探测器;若不正常,则判断是故障信号还是火警信号,发出对应的声、光报警信号,并且将报警信号传送给集中报警控制器。

2 操作前准备

2.1 劳保穿戴整齐。

穿戴标准配置的劳保用品:安全帽帽壳、帽箍、顶带完好,后箍、下颌带调整松紧合适、固定可靠,女同志头发盘于帽内;工衣袖口、领口扣子扎紧;工鞋大小合适,鞋带绑扎松紧合适不落地。

2.2 工具、用具准备。

防爆对讲机、记录笔、记录纸、毛巾等,并保证对讲机处于良好状态。

2.3 操作前的检查和确认。

2.3.1 调试工作已完成。

2.3.2 电源供电正常。

3 操作步骤

3.1 打开主机电源的主、备电开关。

3.2 打开联动电源和火灾显示盘电源的主、备电开关。

3.3 打开控制器的工作开关。

3.4 系统进行初始化。

3.5 初始化完成后,系统自检,对运行记录、屏蔽信息、联动公式、声光电源的自动检查状态。

3.6 控制器对外接火灾显示盘、探测器和模块进行注册,并显示注册信息。

3.7 开机过程结束,系统进入正常监控状态。

4 操作要点

4.1 调试完毕后,才可正常启用。

4.2 启机时,禁止用力摁压控制按钮,以免损坏按钮。

5 安全注意事项

5.1 若主电掉电,采用备电供电,处于充满状态的备电可维持控制器工作 8h 以上,直至备电自动保护。

5.2 在备电自动保护后,为提示用户消防报警系统已关闭,控制器会提示 1h 的故障声（GB 4717—2005 的要求）。

5.3 在使用过备电供电后，需要尽快恢复主电供电并给电池充电48h，以防蓄电池损坏。

6 突发事件应急处置

6.1 现场出现火灾爆炸时，应立即停止作业，妥善处理现场。

6.2 如事件不可控制时，应立即启动站场《应急处置预案》进行处理。

项目二　停运 GST5000 火灾报警控制器（联动型）

1 项目简介

故障一般可分为两类，一类为控制器内部部件产生的故障，如主备电故障、总线故障等；另一类是现场设备故障，如探测器故障、模块故障等。故障发生时，可按"消音"键终止故障警报声。若系统发生故障，应及时检修，若需关机，应作好详细记录。

2 操作前准备

2.1 劳保穿戴整齐。

穿戴标准配置的劳保用品：安全帽帽壳、帽箍、顶带完好，后箍、下颌带调整松紧合适、固定可靠，女同志头发盘于帽内；工衣袖口、领口扣子扎紧；工鞋大小合适，鞋带绑扎松紧合适不落地。

2.2 工具、用具准备。

防爆对讲机、记录笔、记录纸、毛巾等，并保证对讲机处于良好状态。

2.3 操作前的检查和确认。

停运前确认控制器工作状态，并作好记录。

3 操作步骤

3.1 关闭控制器的工作开关（在 DC – DC 变换模块上）。

3.2 关闭联动电源和火灾显示盘电源的主备电开关。

3.3 关闭主机电源的主备电开关。

4 操作要点

4.1 备电开关应关掉。否则，由于控制器内部依然有用电电路，将导致备电放空，损坏电池。

4.2 由于控制器使用的免维护铅酸电池有微小的自放电电流，需定期充电维护，如控制器长时间不使用，需每月开机充电48h。

5 安全注意事项

5.1 若控制器主电断电后使用备电工作到备电保护，此时电池容量为空，需要尽快恢复主电供电，并给电池充电48h。

5.2 若备电放空后超过1周未进行充电，易损坏电池。

6 突发事件应急处置

6.1 现场出现火灾爆炸时，应立即停止作业，妥善处理现场。

6.2 如事件不可控制时，应立即启动站场《应急处置预案》进行处理。

附1　消音操作

在发生火警或故障等警报情况下，控制器的扬声器会发出相应的警报声加以提示，当有多种警报信息时按"消音"键消音，扬声器终止发出警报。如有新的警报发生时将再次发出警报声。

附2　声光警报器的消音及启动

在发生火警时，控制器所连接的声光警报器将发出报警声，提示人员有火警存在，如果值班人员发现不是真实火警时，可以按"警报器消音/启动"键，禁止声光警报器发出声光报警。警报器消音的同时，控制器的警报器消音指示灯点亮，有新的火警发生时，警报器将再次发出声光报警，同时控制器的警报器消音指示灯熄灭。也可以通过按下"警报器消音/启动"键手动启动控制器所连接的警报器和讯响器。"警报器消音/启动"键需要使用用户密码，解锁后才能进行操作。

项目三　设备屏蔽操作

1　项目简介

若为现场设备故障，应及时维修，若因特殊原因不能及时排除的故障，应利用系统提供的设备屏蔽功能将设备暂时从系统中屏蔽，待故障排除后再利用取消屏蔽功能将设备恢复。

2　操作前准备

2.1　劳保穿戴整齐。

穿戴标准配置的劳保用品：安全帽帽壳、帽箍、顶带完好，后箍、下颌带调整松紧合适、固定可靠，女同志头发盘于帽内；工衣袖口、领口扣子扎紧；工鞋大小合适，鞋带绑扎松紧合适不落地。

2.2　工具、用具准备。

防爆对讲机、记录笔、记录纸、毛巾等，并保证对讲机处于良好状态。

2.3　操作前的检查和确认。

2.3.1　检查确认现场设备故障。

2.3.2　确认因特殊原因不能及时排除的故障。

3　操作步骤

3.1　按下"屏蔽"键(若控制器处于锁键状态，需输入用户密码解锁)。

3.2　假设需要屏蔽的设备为用户编码010125的点型感烟探测器，其屏蔽操作步骤如下：

3.2.1　输入欲屏蔽设备的用户编码"010125"。

3.2.2　按"TAB"键，设备类型处为高亮条。

3.2.3　参照"附录二　设备类型表"，输入其设备类型"03"。

3.2.4　按"确认"键存储，如该设备未曾被屏蔽，屏幕的屏蔽信息中将增加该设备，否则在显示屏上提示输入错误。

4　操作要点

4.1　若对本机声光警报器进行屏蔽，则用户编码前六位为本机二次码，设备类型为76—警报输出，确认后本机声光警报器将被屏蔽。

4.2　若对本机火警传输设备进行屏蔽，则用户编码前四位为本机二次码，设备类型为77—报警传输，确认后本机火警传输设备警报器将被屏蔽。

5 安全注意事项

现场设备故障，应及时维修，并加密巡检，发现异常及时汇报处理。

6 突发事件应急处置

6.1 现场出现火灾爆炸时，应立即停止作业，妥善处理现场。

6.2 如事件不可控制时，应立即启动站场《应急处置预案》进行处理。

项目四　设备取消屏蔽操作

1 项目简介

当外部设备(探测器、模块或火灾显示盘)发生故障屏蔽，故障排除后利用取消屏蔽功能将设备恢复。

2 操作前准备

2.1 劳保穿戴整齐。

穿戴标准配置的劳保用品：安全帽帽壳、帽箍、顶带完好，后箍、下颌带调整松紧合适、固定可靠，女同志头发盘于帽内；工衣袖口、领口扣子扎紧；工鞋大小合适，鞋带绑扎松紧合适不落地。

2.2 工具、用具准备。

防爆对讲机、记录笔、记录纸、毛巾等，并保证对讲机处于良好状态。

2.3 操作前的检查和确认。

2.3.1 检查确认该设备为屏蔽状态。

2.3.2 记录欲释放设备的用户编码。

3 操作步骤

3.1 按下"取消屏蔽"键(若控制器处于锁键状态，需输入用户密码解锁)。

3.2 输入欲释放设备的用户编码。

3.3 按"TAB"键，设备类型处为高亮条。

3.4 参照"附录二 设备类型表"，输入其设备类型。

3.5 按"确认"键，如该设备已被屏蔽，屏幕上此设备的屏蔽信息消失，否则显示屏上提示输入错误。

4 操作要点

4.1 若对本机声光警报器进行取消屏蔽操作，则用户编码前四位为本机二次码，设备类型为76—警报输出，输入完成并确认后，声光警报器取消屏蔽。

4.2 若对本机火警传输设备进行取消屏蔽操作，则用户编码前四位为本机二次码，设备类型为77—报警传输，输入完成并确认后，设备被取消屏蔽。

5 安全注意事项

设备取消屏蔽后，应观察检测点是否正常，并加密巡检，发现异常及时汇报处理。

6 突发事件应急处置

6.1 现场出现火灾爆炸时，应立即停止作业，妥善处理现场。

6.2 如事件不可控制时，应立即启动站场《应急处置预案》进行处理。

项目五　手动火灾报警按钮测试操作

1　项目简介

手动火灾报警按钮(俗称手报)安装在公共场所,当人工确认火灾发生后按下按钮上的有机玻璃片,可向火灾报警控制器发出信号,火灾报警控制器接收到报警信号后,显示出报警按钮的编号或位置并发出报警音响。手动火灾报警按钮和海湾火灾报警控制器(联动)的各类编码探测器一样,可直接接到控制器总线上。

2　操作前准备

2.1　劳保穿戴整齐。

穿戴标准配置的劳保用品:安全帽帽壳、帽箍、顶带完好,后箍、下颌带调整松紧合适、固定可靠,女同志头发盘于帽内;工衣袖口、领口扣子扎紧;工鞋大小合适,鞋带绑扎松紧合适不落地。

2.2　工具、用具准备。

防爆对讲机、专用钥匙、记录笔、记录纸、毛巾等,并保证对讲机处于良好状态。

2.3　操作前的检查和确认。

2.3.1　测试之前,应通知有关管理部门并作好记录。

2.3.2　检查确认切断将进行维护的区域或系统的逻辑控制功能,以免造成不必要的报警联动。

3　操作步骤

3.1　按下报警按钮按片,报警按钮红色报警指示灯应常亮,控制器应显示该报警按钮报警地址。

3.2　测试结束后,用专用钥匙使报警按钮复位,并通知有关管理部门系统恢复正常。

4　操作要点

4.1　检查电子编码器应完好,确认连接端子正确。否则损坏电路内部。

4.2　检测总线接线应正确,电压应在正常范围内,插接应牢靠。否则损坏电路内部。

5　安全注意事项

5.1　严禁在现场带电开盖。

5.2　外壳应接地良好。

6　突发事件应急处置

6.1　现场出现火灾爆炸时,应立即停止作业,妥善处理现场。

6.2　如事件不可控制时,应立即启动站场《应急处置预案》进行处理。

模块六　放空火炬系统操作与维护

项目一　放空火炬点火操作

1　项目简介

站场放空采用火炬放空，站内的干气放空直接进入火炬放空，湿气放空先进入火炬分液罐，从火炬分液罐再进入火炬放空。

火炬单元主要由放空管网、火炬分液罐、放空火炬组成；火炬分液罐设液位联锁与液位报警，分离出的液体设装车泵，定期装车外运。

2　操作前准备

2.1　劳保穿戴整齐。

穿戴标准配置的劳保用品：安全帽帽壳、帽箍、顶带完好，后箍、下颌带调整松紧合适、固定可靠，女同志头发盘于帽内；工衣袖口、领口扣子扎紧；工鞋大小合适，鞋带绑扎松紧合适不落地。

2.2　工具、用具准备。

可燃气体检测仪、防爆对讲机、防毒面具、验漏壶、毛巾、防爆工具等，并保证对讲机和检测仪处于良好状态。

2.3　操作前的检查和确认。

2.3.1　检查手动阀开关状态，确认开关到位。

（1）阀门开启：燃气缓冲罐前阀、罐后过滤阀组主路手动阀、各支路阀组主路手动阀、各仪表阀。

（2）阀门关闭：仪表风管路上的手动阀、燃气缓冲罐排污阀、各类气管路阀组旁路阀。

2.3.2　检查电、氮气、仪表风、燃气等供应状态，确认正常。

（1）确认 PLC 控制箱上的"电源开关"旋钮处于"开"状态。

（2）确认 PLC 控制箱上的"自动/手动"旋钮处于"自动"状态。

（3）确认现场点火箱上的"电源开关"和"燃气阀开关"旋钮处于"关"状态。

（4）确认控制室操作员站火炬控制操作界面上的火炬控制状态切换至"自动"状态。

2.3.3　确认各仪表正常，信号传输正确。

2.3.4　检查仪表运行状态，确认显示正常，此时火炬进入"自动待命状态"。

3　操作步骤

3.1　放空火炬自动点火操作。

火炬系统的点火操作和其他操作均由自控系统完成。

3.2　放空火炬手动点火操作。

3.2.1　点火方式标记在操作旋钮旁边，选择某种点火方式时，将旋钮对应于相应位置即可。

3.2.2　选择手动点火的条件。

（1）当自控系统不能完成点火操作（自动发出警报），且其他控制功能也出现障碍时。

（2）系统单机调试时。

3.3　现场手动点火操作。

3.3.1　在 PLC 控制箱上，将"自动/手动"旋钮置于"手动"。

3.3.2　在点火控制箱上，打开电源开关。

3.3.3　一手按住"点火"按钮，另一手将"点火器开阀"置于"开"，约 15s 松开"点火"按钮。此时可以仰视火炬头见到长明灯被点燃。

3.3.4　若其他长明灯没有被已点燃的长明灯引燃，则重复 3.3.3 操作，将其点燃。

3.3.5　若长明灯没有被点燃，则重复 3.3.3 及 3.3.4 操作。

3.3.6　关闭长明灯燃气阀。

3.4　远程手动点火操作。

3.4.1　在 PLC 控制箱上将"自动/手动"设置为"自动"，然后远程控制界面上切换点火方式至"手动"。

3.4.2　在远程控制界面上按压"点火"软按钮并持续 15s，同时打开相应供气阀。

3.4.3　关闭长明灯燃气阀。

3.5　地爆点火操作。

当自动点火和手动点火均不能成功时，启用地爆点火。

3.5.1　点火前检查。

（1）关闭仪表风和燃气两路调节阀。

（2）打开仪表风控制阀，观察仪表风压力是否大于等于 0.2MPa。如正常，则关闭仪表风控制阀，否则应检查气源管路。

（3）打开燃气阀，观察燃气压力是否大于等于 0.2MPa。如正常，则关闭开关阀，否则应检查气源管路。

（4）检查电火花：手按点火按钮，从爆燃室观察孔应能看到电火花，且能听到"啪、啪"的放电声，否则应检查电源/控制电路。

3.5.2　点火前吹扫。

打开仪表风控制阀，打开一传焰支管网，打开仪表气调节阀，使仪表风压力略大于 0.2MPa，此时仪表风经爆燃室对传焰管开始吹扫。

3.5.3　形成混合气。

在仪表风控制阀打开的基础上，打开燃气开关阀，旋动燃气调节阀，观察仪表风和燃气两个流量值，使仪表风与燃气流量比为（10~15）∶1。

3.5.4　点火。

（1）当燃气混合达到混合气时间时，按下点火按钮。此时火炬头部有爆鸣声，相应的长明灯应被点燃，关闭相应传焰管支网。若没有点燃相应的长明灯，则向下按照（3）进行操作。

（2）关闭燃气阀，打开另一待点长明灯相应的传焰管支阀，开始吹扫传焰管。当燃气混合达到混合气时间，进行 3.3 操作形成混合气，按下点火按钮。如此将全部要点的长明灯点燃，方可进行点火后操作。

（3）立即关闭燃气开关阀，此时仪表风将对此传焰管进行二次吹扫，吹扫时间比首次吹扫时间延长 10s。

（4）打开燃气阀，旋动燃气调节阀，再确认仪表风与燃气流量比为（10~15）∶1，使燃气混合达到混合气时间。

（5）按下点火按钮，此时火炬头部有爆鸣声，相应的长明灯应被点燃；若没有点燃相应的长明灯，则重复（3）操作并向下进行。

3.5.5　点火后操作。

（1）关闭燃气开关阀，其调节阀位置不动。

（2）关闭仪表风开关阀，其调节阀位置不动。

4　操作要点

4.1　若自动点火程序结束后火炬未被点燃，则"火检报警指示"灯亮。将转换开关切换到"停止"位，再重新点火。

4.2　电磁阀均为一用一备，当一路出现故障时用另一路工作。

5　安全注意事项

5.1　点火器、导电杆及弯管严禁碰撞及弯曲。

5.2　当自动点火和手动点火均不能成功时，启用地爆点火。

5.3　在维护过程中应切断电源，严禁带电作业。

6　突发事件应急处置

6.1　现场出现火灾爆炸时，应立即停止作业，妥善处理现场。

6.2　如事件不可控制时，应立即启动站场《应急处置预案》进行处理。

项目二　火炬系统检查保养

1　项目简介

为有效加强设备管理，正确使用设备，延长设备的使用寿命，保证设备的完好率，对设备的检查维护保养尤为重要。

2　操作前准备

2.1　劳保穿戴整齐。

穿戴标准配置的劳保用品：安全帽帽壳、帽箍、顶带完好，后箍、下颌带调整松紧合适、固定可靠，女同志头发盘于帽内；工衣袖口、领口扣子扎紧；工鞋大小合适，鞋带绑扎松紧合适不落地。

2.2　工具、用具准备。

可燃气体检测仪、防爆对讲机、防毒面具、验漏壶、毛巾、防爆工具等，并保证对讲机和检测仪处于良好状态。

2.3　操作前的检查和确认。

2.3.1　系统管线上的阀门除了防爆电磁阀、旁路阀及排污阀常闭以外，其余阀均处于常开状态，以便于系统正常运行。

2.3.2　检查确认燃气管线畅通，确认点火用天然气压力为 0.2~0.4MPa，同时检查并排尽管线中的冷凝液。

2.3.3　电磁阀前后的截止阀常开，旁路阀处于常闭状态。

3　操作步骤

3.1　日常检查内容。

3.1.1　检查供电是否正常。

3.1.2 检查控制柜显示是否正常。

3.1.3 检查电磁阀有无异响。

3.1.4 检查燃料气是否满足要求。

3.2 月度检查内容。

3.2.1 对日常检查的内容进行全面检查。

3.2.2 检查火炬点火装置各部件连接是否良好、是否锈蚀。

3.2.3 点火试验，检查装置是否处于无故障状态。

3.2.4 检查装置接地是否良好。

3.2.5 检查火炬底部是否存有冷凝液。

4 操作要点

4.1 确保供电正常。

4.2 通过控制柜显示，判断火炬热电偶、传感器是否正常，如异常联系厂家进行更换。

4.3 确保电磁阀工作正常，如故障及时进行更换。

4.4 确保火炬点火装置各部件连接良好、无锈蚀，做好紧固、防腐工作。

4.5 确保燃料气调压器工作正常，满足供给点火压力(0.2~0.4MPa)，不满足时及时进行设定调整。

4.6 每月对火炬进行排污(通过火炬底座排污阀)一次，确保无冷凝液积存。

4.7 每月对点火装置点火操作一次，确保装置处于无故障状态。

5 安全注意事项

5.1 点火器、导电杆及弯管严禁碰撞及弯曲。

5.2 在维护过程中应切断电源，严禁带电作业。

5.3 非操作人员禁止操作。

5.4 在维护过程中应切断电源，严禁带电作业。

6 故障分析判断与处理

火炬系统故障分析判断与处理，见表3-10。

表3-10 故障分析与处理

常见故障	故障原因	处理方法
接通电源后点火器不工作	点火器与输出电缆、导电杆、电嘴之间的连接虚接	重新紧固或连接
	点火器内部放电管、电容器或变压器损坏	更换
点火器正常工作而无法点燃引火筒	1. 截止阀未开启； 2. 电磁阀不开启	1. 开启阀门； 2. 打开电磁阀旁通或检查更换电磁阀
	工艺管线有水、焊渣等残留物堵塞	清除残留物
	燃料气压力是否正常，气路是否畅通	检查流程
点燃引火筒和火炬后，无火焰信号	信号电缆连接或感温探头连接虚接	重新紧固或连接
	热电偶是否损坏	更换热电偶

7 突发事件应急处置

7.1 现场出现火灾爆炸时，应立即停止作业，妥善处理现场。

7.2 如事件不可控制时，应立即启动站场《应急处置预案》进行处理。

模块七　分离装置系统操作与维护

项目一　锁环式快开盲板操作与维护

1　项目简介

锁环式快开盲板采用环锁型结构，锁环由一大段和一小段两段组成，环锁的一小段和手动压力报警装置即泄压螺栓总成为一个整体。操作时，如果盲板的门达不到预定关闭部位，锁环的大段将不能卡到位，和泄压螺栓总成连成一体的锁环的小段则无法安装到空挡中，泄压螺栓也无法拧到位，容器则无法升压运行，达到安全的目的。锁环到位后逆时针转动手柄启动驱动链以及马蹄机械装置，即可用铰链旋转开门。如图 3 – 15 所示。

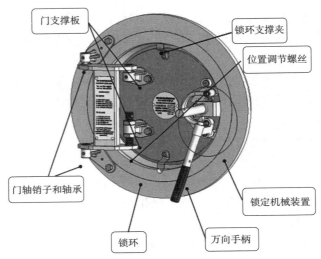

图 3 – 15　锁环式快开盲板结构图

2　操作前准备

2.1　劳保穿戴整齐。

穿戴标准配置的劳保用品：安全帽帽壳、帽箍、顶带完好，后箍、下颌带调整松紧合适、固定可靠，女同志头发盘于帽内；工衣袖口、领口扣子扎紧；工鞋大小合适，鞋带绑扎松紧合适不落地。

2.2　工具、用具准备。

可燃气体检测仪、防爆对讲机、防毒面具、验漏壶、毛巾、扳手、润滑脂、清洗液、密封圈等，并保证对讲机和检测仪处于良好状态。

2.3　操作前的检查和确认。

2.3.1　确认执行中国石化"7＋1"安全管理制度中的有关管理规定。

2.3.2　检查确认锁环及锁环耳无变形，支撑夹正确安装。

2.3.3　确认作业人员已对现场作业环境进行有害因素辨识并制定相应的安全措施。

2.3.4　确认容器上的压力表(差压表)、液位计等测量仪表值正确，否则进行校正或更换。

2.3.5　检查容器底部阀套式排污阀、球阀及其手动机构完好，否则进行处理。

2.3.6　确认接到了调控中心指令或调控中心同意操作。

3　操作步骤

3.1　打开盲板操作。

3.1.1　关闭容器进出口阀门，确认进出口阀门无内漏并做有效隔离。

3.1.2　全开放空根部球阀，缓慢打开节流截止放空阀放空至 0.5MPa。

3.1.3　全开容器排污根部球阀，缓慢打开阀套式排污阀排污，排污后关闭。

3.1.4　全开容器放空根部球阀，缓慢打开节流截止放空阀放空至压力表回零。

3.1.5　氮气置换天然气。

3.1.6　为防止硫化铁自燃，现场采取湿式作业。

3.1.7　缓慢松动泄压螺栓，检查有无余气。如有余气，再拧紧等待，直至确认无余气时拧下安全泄压螺栓总成。

3.1.8　逆时针 180°转动手柄启动驱动链以及马蹄机械装置，将锁环逐步缩回至门凹槽上。

3.1.9　用万向手柄将盲板打开。如图 3－16 所示。

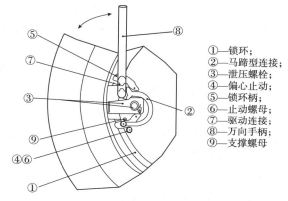

①—锁环；
②—马蹄型连接；
③—泄压螺栓；
④—偏心止动；
⑤—锁环柄；
⑥—止动螺母；
⑦—驱动连接；
⑧—万向手柄；
⑨—支撑螺母

图 3－16　锁环式快开盲板零件识别图

3.2　关闭盲板操作。

3.2.1　确保密封和密封面及密封凹槽干净。

3.2.2　涂油脂于密封凹槽，密封面及锁环滑行面。

3.2.3　检查密封圈完好，安装方向正确。

3.2.4　往前轻轻推盲板，当锁环边缘接触到盲板门轴时，将盲板用力推进盲板颈内。

3.2.5　确认盲板推到位后，将手柄插入驱动链接，顺时针方向旋转 180°。

3.2.6　确认泄压螺栓密封垫完好无损，安装锁环小块及泄压螺栓总成。

3.2.7　关闭放空阀，注入氮气进行氮气置换空气（适时反复开关放空阀进行置换）。

3.2.8　缓慢开启容器进气阀（阀门两端有平衡阀时应首先使用平衡阀缓慢向容器充压）进行天然气置换氮气（适时反复开关放空阀进行置换）。

3.2.9　升压验漏。分别在 0.5 倍、1 倍运行压力时稳压验漏。

3.2.10　恢复流程或使设备处于备用状态。

3.2.11　向调控中心汇报并作好记录。

4　操作要点

4.1　打开盲板前，氮气置换天然气时，注氮速度控制在 5m/s 以内。待取样口测得氮气含量大于 98%，氮气置换合格。

4.2　关闭盲板后进行氮气置换空气时，待取样口测的氧含量小于 2%，氮气置换空气合格。

4.3　进行天然气置换氮气时，待取样口测的甲烷含量达到 80% 时，且连续三次甲烷含量有增无减,天然气置换氮气合格。

5 安全注意事项

5.1 严格执行中国石化"7+1"安全管理制度中的有关管理规定。

5.2 盲板盖开启前必须确认容器内压力降至零后,氮气置换合格后方可进行开启盲板的操作。

5.3 加强作业监督,穿戴好劳动防护用品,使用防爆工具,控制一切火源。

5.4 操作时身体严禁正对盲板,应站在侧面操作。

5.5 加强检测有害气体浓度,佩戴防毒面具或正压式空气呼吸器。

5.6 当筒体可能存在 FeS 粉或泥沙时,应向筒内注入约 10% 筒体积的纯净水,进行充分湿式作业,防止 FeS 自燃,湿式作业后的容器干燥合格后方可重新投运。

5.7 正常操作后仍发现盲板存在外漏。

5.7.1 重新按操作规程打开盲板,检查盲板门是否处于颈部的中间,否则调整盲板门,使其居中。

5.7.2 用油脂软笔在密封圈和密封槽对应 3 点、6 点、9 点、12 点的位置分别进行标记,标记顺时针旋转密封圈 90°。

5.7.3 进行正常维护、保养程序。

5.7.4 升压检查。

6 突发事件应急处置

6.1 现场出现火灾爆炸时,应立即停止作业,妥善处理现场。

6.2 如事件不可控制时,应立即启动站场《应急处置预案》进行处理。

项目二 卡箍式快开盲板操作与维护

1 项目简介

卡箍式快开盲板主要原理是通过转动丝杠,让三瓣锁紧环逐渐变大或变小,使锁紧环的内径大于或压实盲板盖的外径,以完成卡箍式盲板的开与关。

卧式卡箍盲板结构图。如图 3－17 所示。

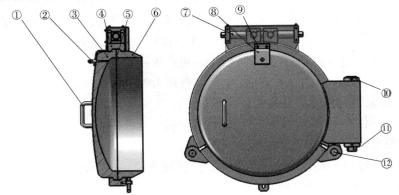

图 3－17 卧式卡箍盲板

1—拉手；2—安全锁紧阀；3—盲板盖；4—卡箍；5—O 形密封圈；6—盲板座；7—开关丝杠；
8—安全卡板；9—安全定位销；10—回转铰接轴；11—调整螺母；12—销轴

2　操作前准备

2.1　劳保穿戴整齐。

穿戴标准配置的劳保用品：安全帽帽壳、帽箍、顶带完好，后箍、下颌带调整松紧合适、固定可靠，女同志头发盘于帽内；工衣袖口、领口扣子扎紧；工鞋大小合适，鞋带绑扎松紧合适不落地。

2.2　工具、用具准备。

可燃气体检测仪、防爆对讲机、防毒面具、验漏壶、毛巾、专用扳手、润滑脂、清洗液、密封圈等，并保证对讲机和检测仪处于良好状态。

2.3　操作前的检查和确认。

2.3.1　确认执行中国石化"7＋1"安全管理制度中的有关管理规定。

2.3.2　检查确认盲板的主要承压件（如盲板盖、筒体外表面）无腐蚀、无变形。

2.3.3　确认作业人员已对现场作业环境进行有害因素辨识并制定相应的安全措施。

2.3.4　确认容器上的压力表（差压表）、液位计等测量仪表值正确，否则进行校正或更换。

2.3.5　检查容器底部阀套式排污阀、球阀及其手动机构完好，否则进行处理。

2.3.6　确认接到了调控中心指令或调控中心同意操作。

3　操作步骤

3.1　打开盲板操作。

3.1.1　关闭容器进出口阀门，确认进出口阀门无内漏并做有效隔离。

3.1.2　全开放空根部球阀，缓慢打开节流截止放空阀放空至0.5MPa。

3.1.3　全开容器排污根部球阀，缓慢打开阀套式排污阀排污，排污后关闭。

3.1.4　全开放空根部球阀，缓慢打开节流截止放空阀放空至压力表回零。

3.1.5　氮气置换天然气。

3.1.6　为防止硫化铁自燃，现场采取湿式作业。

3.1.7　缓慢拧松安全锁紧阀，当有物料从该阀接口缝隙处溢出时，应停止拧动该阀，待设备内不再有物料溢出时，再完全拧下安全锁紧阀。

3.1.8　取下安全卡板。

3.1.9　按开关丝杠处的标示方向转动开关丝杠，直至卡箍内缘与盲板盖的外缘完全分开。

3.1.10　拉动盲板盖上的拉手，向一侧打开盲板盖。

3.2　关闭盲板操作。

3.2.1　确保密封和密封面及密封凹槽干净。

3.2.2　涂油脂于密封槽、O形密封圈等部件。

3.2.3　检查确认密封圈完好，安装方向正确。

3.2.4　拉动盲板盖上的拉手，关闭盲板盖，使盲板盖与盲板座外缘完全重合。

3.2.5　按支座处的标示方向转动开合丝杠，锁紧卡箍。

3.2.6　装好安全卡板，使安全卡板完全扣在安全定位销上。

3.2.7　检查安全锁紧阀上的O形密封圈是否完好。

3.2.8　安装安全锁紧阀并拧紧。

3.2.9　关闭放空阀，注入氮气进行氮气置换空气(适时反复开关放空阀进行置换)。

3.2.10　缓慢开启容器进气阀(阀门两端有平衡阀时应首先使用平衡阀缓慢向容器充压)进行天然气置换氮气(适时反复开关放空阀进行置换)。

3.2.11　升压验漏。分别在0.5倍、1倍运行压力时稳压验漏。

3.2.12　恢复流程或使设备处于备用状态。

3.2.13　向调控中心汇报并作好记录。

4　操作要点

4.1　打开盲板前，氮气置换天然气时，注氮速度控制在5m/s以内。待取样口测的氮气含量大于98%，氮气置换合格。

4.2　如果盲板盖与盲板座有少量错边，可以通过调节调整螺母及调整螺母上面的调整螺栓，使盲板座与盲板盖外缘完全重合。

4.3　盲板的开合丝杠、铰接轴、销轴等转动装置须定期涂(注)润滑油，保持润滑。上述部位每3个月加注润滑油(脂)一次，铰接轴、丝杠用黄甘油润滑，销轴从注油孔处用机油润滑。

4.4　盲板关闭前应彻底清除盲板密封面、密封槽、O形密封圈及卡箍内的污物，并涂抹防锈油脂，再安装上O形密封圈。

4.5　关闭盲板后进行氮气置换空气时，待取样口测的氧含量小于2%，氮气置换空气合格。

4.6　进行天然气置换氮气时，待取样口测的甲烷含量达到80%时，且连续三次甲烷含量有增无减，天然气置换氮气合格。

5　安全注意事项

5.1　严格执行中国石化"7+1"安全管理制度中的有关管理规定。

5.2　盲板盖开启前必须确认容器内压力降至零后，氮气置换合格后方可进行开启盲板的操作。

5.3　加强作业监督，穿戴好劳动防护用品，使用防爆工具，控制一切火源。

5.4　操作时严禁身体正对盲板，应站在侧面操作。

5.5　加强检测有害气体浓度，佩戴防毒面具或正压式空气呼吸器。

5.6　当筒体可能存在硫化亚铁或泥沙时，应向筒内注入约10%筒体积的纯净水，进行充分湿式作业，防止FeS自燃，湿式作业后的容器干燥合格后方可重新投运。

5.7　定期对盲板的主要承压件盲板盖、盲板座、卡箍、铰接轴、丝杠等部位进行检查。若发现有变形、严重腐蚀或裂纹，应及时查找原因，并妥善处理。

5.8　盲板的传动机构、丝杠锁紧装置必须经常涂油，防止生锈。

5.9　正常维护后若发现盲板存在外漏，按照操作规程重新清理密封槽、密封面、O形密封圈等部位，清理干净后，再安装上密封圈，重新升压验漏。

项目三　过滤分离器更换滤芯

1　项目简介

过滤分离器的结构主要由滤芯、壳体、快开盲板以及内外部件组成。如图3-18所示。

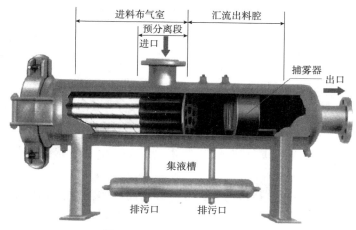

图 3-18　过滤分离器结构图

当分离器前后差压达到报警极限 0.1MPa 时，需对分离器进行排污，并对滤芯进行清洗或更换。

2　操作前准备

2.1　劳保穿戴整齐。

穿戴标准配置的劳保用品：安全帽帽壳、帽箍、顶带完好，后箍、下颌带调整松紧合适、固定可靠，女同志头发盘于帽内；工衣袖口、领口扣子扎紧；工鞋大小合适，鞋带绑扎松紧合适不落地。

2.2　工具、用具准备。

可燃气体检测仪、防爆对讲机、防毒面具、验漏壶、毛巾、防爆 F 扳手、滤芯、润滑脂、清洗液、密封圈等，并保证对讲机和检测仪处于良好状态。

2.3　操作前的检查和确认。

2.3.1　确认过滤分离器进口阀、出口阀在关闭状态并无内漏，并做有效隔离。

2.3.2　确认放空阀在打开状态，筒体压力为零，确保设备和人身安全。

2.3.3　确认过滤分离器上的压力表、差压表、液位计等测量仪表值正确，否则进行校正或更换。

2.3.4　检查过滤分离器底部阀套式排污阀、球阀及其手动机构完好，否则进行处理。

2.3.5　确认过滤分离器排污完毕，排污球阀、阀套式排污阀关闭。

2.3.5　确认取样口测的氮气含量大于 98%，氮气置换合格。

2.3.6　为防止硫化亚铁自燃，确认现场已采取湿式作业。

2.3.7　确认作业人员已对现场作业环境进行有害因素辨识并制定相应的安全措施。

2.3.8　确认执行中国石化"7+1"安全管理制度中的有关管理规定。

2.3.9　确认接到了调控中心指令或调控中心同意操作。

3　操作步骤

3.1　按操作规程开启盲板，检测有毒有害气体浓度。

3.2　拆卸过滤器滤芯。

3.3　清理积物。

3.4 检查密封圈是否损坏、变形，检查保养盲板及部件。

3.5 装好滤芯及其他组件。

3.6 按操作规程关闭盲板。

3.7 置换，验漏。

3.8 恢复流程处于备用状态。

3.9 向调控中心汇报，并作好记录。

4 操作要点

4.1 操作前必须确认过滤分离器进口阀、出口阀在关闭状态并无内漏，并做有效隔离。

4.2 按照排污操作规程进行排污后，放净分离器内的压力直至压力表读数为零。

4.3 注入氮气置换过滤器内的天然气，注氮速度控制在 5m/s 以内。待取样口测的氮气含量大于 98% 时为合格。

4.4 密封圈若有损坏、变形，需更换。

4.5 装好滤芯及其他组件，保证滤芯的内端密封可靠，不出现气体短路现象。

4.6 注入氮气置换空气时，待取样口测的氧含量小于 2%，氮气置换空气合格。

4.7 天然气置换氮气时，待取样口测的甲烷含量达到 80% 时，且连续三次甲烷含量有增无减，天然气置换氮气合格。

4.8 升压验漏时分别在 0.5 倍、1 倍运行压力时稳压验漏。

5 安全注意事项

5.1 严格执行中国石化"7+1"安全管理制度中的有关管理规定。

5.2 盲板盖开启前必须确认容器内压力降至零后，氮气置换合格后方可进行开启盲板的操作。

5.3 穿戴好劳动防护用品，使用防爆工具，控制一切火源。

5.4 操作时严禁身体正对盲板，应站在侧面操作。

5.5 严格按照操作规程操作，加强作业监护，时刻监测天然气浓度和压力变化，若有毒有害气体浓度超标，正确佩戴防毒面具或正压式空气呼吸器。

5.6 当筒体可能存在 FeS 粉或泥沙时，应向筒内注入约 10% 筒体积的纯净水，进行充分湿式作业，防止 FeS 自燃，湿式作业后的容器干燥合格后方可重新投运。

6 突发事件应急处置

6.1 现场出现火灾爆炸时，应立即停止作业，妥善处理现场。

6.2 如事件不可控制时，应立即启动站场《应急处置预案》进行处理。

模块八 水处理装置操作与维护

项目一 一体化污水处理装置手动操作

1 项目简介

污水进入调节池,对进水水量、水质起调节作用。污水提升泵根据液位自动将污水提升至缺氧池,缺氧池的水溢流至膜反应池,膜反应池污泥泵与调节池提升泵同起同停,将膜反应池水回流至缺氧池重复处理,至污泥池管路由手动球阀控制,定时将部分污泥排放至污泥池。经消毒池处理后的水达到排放标准可以排放或回用。

2 操作前准备

2.1 劳保穿戴整齐。

穿戴标准配置的劳保用品:安全帽帽壳、帽箍、顶带完好,后箍、下颌带调整松紧合适、固定可靠,女同志头发盘于帽内;工衣袖口、领口扣子扎紧;工鞋大小合适,鞋带绑扎松紧合适不落地。

2.2 工具、用具准备。

防爆对讲机、橡胶手套、防毒面具、防护眼镜等,并保证对讲机处于良好状态。

2.3 操作前的检查和确认。

2.3.1 检查确认隔栅无堵塞。

2.3.2 检查确认调节池内无悬浮物。

2.3.3 检查确认风机房控制箱无故障报警。

2.3.4 检查确认电机润滑油位、油质正常。

2.3.5 检查确认污水处理设施消毒池内氯片符合要求。

3 操作步骤

当电控箱转换开关旋至"手动"位置时,各污水处理设备由电控箱箱面各相应控制按钮进行操作。

4 操作要点

4.1 系统需工作时,启动 1#污水泵、1#风机。连续运行 3h 后,1#污水泵、1#风机切换至 2#机组运行。2#机组连续运行 3h 后切换到 1#机组,如此循环。

4.2 污泥汽提装置电磁阀间隔 6h 开启 5min。二沉池至缺氧池汽提回流为手动闸阀控制,调节风量,控制回流量。回流阀为常开。系统停止时,逐个关闭运行设备。

4.3 设备运行时,消毒池消毒斗内应定期添加氯片,保证处理排放污水消毒杀菌,并保证外排水中余氯量。

4.4 机、泵使用时需每天检查一次润滑油位、油质。

4.5 机、泵长期停用,禁止立即启动。应先注适量机油,再用手拨动几转后,方可启动。

5 安全注意事项

5.1 严格执行中国石化"7+1"安全管理制度中的有关管理规定。

5.2 操作工投药时应戴橡胶手套、穿雨靴，必要时还应佩戴面罩、防护眼镜、皮围裙。

5.3 电器禁止用水冲洗，以免漏电、触电。

5.4 机、泵运行时，出现故障报警，严禁强制启动，应正确检查故障原因，排除故障后方能启用。

6 突发事件应急处置

6.1 现场出现火灾爆炸时，应立即停止作业，妥善处理现场。

6.2 如事件不可控制时，应立即启动站场《应急处置预案》进行处理。

项目二 一体化污水处理装置自动操作

1 项目简介

一体化污水处理装置工艺系全自动运行，正常情况下都处于自动启停控制状态。只有设备出现异常或检维修时，才切换至手动运行模式。

2 操作前准备

2.1 劳保穿戴整齐。

穿戴标准配置的劳保用品：安全帽帽壳、帽箍、顶带完好，后箍、下颌带调整松紧合适、固定可靠，女同志头发盘于帽内；工衣袖口、领口扣子扎紧；工鞋大小合适，鞋带绑扎松紧合适不落地。

2.2 工具、用具准备。

防爆对讲机、橡胶手套、防毒面具、防护眼镜等，并保证对讲机处于良好状态。

2.3 操作前的检查和确认。

2.3.1 检查确认隔栅无堵塞。

2.3.2 检查确认调节池内无悬浮物。

2.3.3 检查确认风机房控制箱无故障报警。

2.3.4 检查确认电机润滑油位、油质正常。

2.3.5 检查确认污水处理设施消毒池内氯片符合要求。

3 操作步骤

当电控箱箱面转换开关旋至"自动"位置时，污水处理设备自动控制整个污水处理过程。

4 操作要点

4.1 自动运行程序启动后，风机进入第一工作方式，风机连续运行。1#风机与2#风机为连续运行3h，自动切换。1#风机开始运行。当调节池液位连续处于下液位1h后，风机自动切换成第二工作方式，工作状态为风机停止2h，运行0.5h，如此循环。此状态直至调节池液面升至上液位时，再切换为第一工作方式。

4.2 调节池污水泵由池内液位控制器自动控制。液面上升至中液位时，1#污水泵开始运行，液面继续上升至上液位时，2#污水泵开始运行。液面下降至中液位时，2#污水泵停止，液面继续下降至下液位时，1#污水泵停止。1#污水泵、2#污水泵为连续运行3h自动切换。

4.3 污泥汽提装置工作状态为间隔6h运行5min。1#风机、2#风机，1#污水泵、2#污水泵，均为一用一备。当其中一台设备出现故障时，其工作状态将自动切换到备用设备，并且 PLC 对故障设备给出报警信号。如果备用设备也相继出现故障，PLC 同样也给出报警信号。报警状态直至人工复位后自动消失。

4.4　机、泵使用时，必须每天检查一次润滑油位、油质。

4.5　机、泵长期停用，禁止立即启动。应先注适量机油，再用手拨动几转后，方可启动。

5　安全注意事项

5.1　严格执行中国石化"7＋1"安全管理制度中的有关管理规定。

5.2　操作工投药时应戴橡胶手套、穿雨靴，必要时还应戴面罩、防护眼镜、皮围裙。

5.3　电器禁止用水冲洗，以免漏电、触电。

5.4　机、泵运行时，出现故障报警，严禁强制启动，应正确检查故障原因，排除故障后方能启用。

6　突发事件应急处置

6.1　现场出现火灾爆炸时，应立即停止作业，妥善处理现场。

6.2　如事件不可控制时，应立即启动站场《应急处置预案》进行处理。

项目三　污水处理装置检查保养

1　项目简介

为有效加强设备管理，正确使用设备，延长设备的使用寿命，保证设备的完好率，对设备的检查维护保养尤为重要。

2　操作前准备

2.1　劳保穿戴整齐。

穿戴标准配置的劳保用品：安全帽帽壳、帽箍、顶带完好，后箍、下颌带调整松紧合适、固定可靠，女同志头发盘于帽内；工衣袖口、领口扣子扎紧；工鞋大小合适，鞋带绑扎松紧合适不落地。

2.2　工具、用具准备。

防爆对讲机、橡胶手套、万用表、捞勺、毛巾、机油、防毒面具、防护眼镜等，并保证对讲机处于良好状态。

2.3　操作前的检查和确认。

2.3.1　确认已仔细阅读风机水泵使用说明书。

2.3.2　检查确认系统流程正常运行。

3　检查保养

3.1　调节池格栅前的杂物每周打捞一次，运行时应盖好井盖板，避免石块等物落入堵塞甚至烧坏水泵。

3.2　污水流量不得超过设定值，如流量小于设定时应采用手动操作，避免风机、水泵频繁启动而缩短其使用寿命。

3.3　观察电流、电压表，若电流、电压过大应关机对电机进行检查。

3.4　风机停运禁止超过 24h，以避免生物膜缺氧致死。

3.5　采用自动方式，应在调试结束运行正常后使用。

3.6 定期用潜污泵抽走污泥池污泥，一般为一年清理一次，具体视现场污泥量而定。

4 操作要点

4.1 避免机械油及含表面活性剂的物质混入污水中，导致生物膜死亡。

4.2 定期检查出水水质，避免超标排放。

5 安全注意事项

5.1 严格执行中国石化"7+1"安全管理制度中的有关管理规定。

5.2 水泵、风机修理后应注意转向，严禁反转。

5.3 风机必须定期检查、加油(油应以油标中心线为准)。若发现风机漏油、螺丝松动应及时解决，如发现声音异常应立即关机。

6 突发事件应急处置

6.1 现场出现火灾爆炸时，应立即停止作业，妥善处理现场。

6.2 如事件不可控制时，应立即启动站场《应急处置预案》进行处理。

项目四 生活给水处理装置启停操作

1 项目简介

站场用水通过生活水净化系统进行净化，为整个站场提供生活用水保障。反渗透系统是整个水净化系统的核心工艺，其主要功能是对经过预处理的水进行脱盐，经反渗透膜前置石英砂与活性炭过滤器，最后经5μm滤芯组后，进入反渗透膜，提高膜前进水质量。

2 操作前准备

2.1 劳保穿戴整齐。

穿戴标准配置的劳保用品：安全帽帽壳、帽箍、顶带完好，后箍、下颌带调整松紧合适、固定可靠，女同志头发盘于帽内；工衣袖口、领口扣子扎紧；工鞋大小合适，鞋带绑扎松紧合适不落地。

2.2 工具、用具准备。

防爆对讲机、橡胶手套等，并保证对讲机处于良好状态。

2.3 操作前的检查和确认。

2.3.1 初次启动前，系统必须经过调试和试运，进入系统的水质应符合给水水质要求：SDI<3(最高不超过4)、浊度<0.2NTU、温度15~30℃。

2.3.2 检查全部仪表安装正确，并经校正，确认显示正常。

2.3.3 检查确认电源正常。

2.3.4 给水提升泵、高压泵、预脱盐外送水泵经外部检验，绝缘试验、手动盘车充水后的点动试验具备投运条件。

2.3.5 高压泵入口低压联锁和高压联锁，报警经设定试验可靠。

2.3.6 各加药装置调试完毕，并可正常投运。药剂按照规定的浓度配置完毕待用。

2.3.7 检查确认产品水不合格排放阀、浓水排放阀、中间水箱出口阀、提升泵入口阀、保安过滤器入口阀、高压泵出口阀打开，严禁产品水出口阀和不合格水排放阀同时关闭。

2.3.8 检查确认水箱的液位在中水位以上。

2.3.9 膜元件已按照要求正确安装在压力容器内。

3　操作步骤

3.1　装置手动启动。

3.1.1　将主控制盘上系统的操作方式选择开关"手动－停止－自动"置于"手动"位置，投入各种在线检测仪表。

3.1.2　将阻垢剂计量泵速度钮和冲程钮预先计算设置好，阻垢剂计量泵投入运行。

3.1.3　就地(在仪表盘上)启动提升泵，手动开启保安过滤器入口的电动阀，缓慢打开高压泵出口阀，在低压小流量下冲洗膜元件。

3.1.4　冲洗合格后，调整高压给水泵出口手动调节阀开度，完全打开提升泵出口阀，关闭冲洗排放门。

3.1.5　启动高压给水泵，调节电动机转速和泵出口手动调节阀开度冲洗装置，直至满足纳滤产品水流量要求。

3.2　装置手动停运。

3.2.1　通过变频器停高压给水泵。

3.2.2　停止提升泵。

3.2.3　关闭保安过滤器进口的电动阀门。

3.2.4　停止加药计量泵(阻垢剂计量泵、还原剂计量泵)。

3.2.5　打开冲洗排放阀，启动冲洗泵后停泵。

4　操作要点

4.1　装置手动启动。

4.1.1　在低压小流量下冲洗膜元件时，应将膜元件内的空气排出，并将膜元件内的防冻液和保护液基本冲洗干净(冲洗约30min)。

4.1.2　冲洗合格后，调整高压给水泵出口手动调节阀开度在1/4左右。

4.1.3　通过变频器启动高压给水泵，调节电动机转速和泵出口手动调节阀开度冲洗装置，使给水泵在 $8m^3/h$ 流量下冲洗装置，直至完全冲洗干净。

4.1.4　逐渐增加高压给水泵电动机转速，同时调节浓水调节阀开度和泵出口手动节流阀开度，直至满足纳滤产品水流量为 $5m^3/h$。

4.1.5　最终确定各流量调节阀的开度和位置，作好记录和标记；确定高压给水泵电动机转速，作好记录。

4.1.6　记录所有运行数据。

4.2　装置手动停运。

打开冲洗排放阀，启动冲洗泵，打开冲洗进水阀，10min后关冲洗进水阀、冲洗排放阀，停冲洗泵。

5　安全注意事项

5.1　保安过滤器滤芯在正常工作情况下，可维持3~4个月左右的使用寿命，当压差大于设定值(通常为0.07~0.1MPa)时应更换。

5.2　高压泵出口采用慢开闭电动蝶阀，缓开缓闭，启动时压力应缓慢上升，关闭时压力应缓慢下降。

模块九　站场通信系统操作与维护

项目一　周界安防系统操作与维护

1　项目简介

红外周界报警是由一个发射端和一个接收端组成的射束网。发射端发射经过调制的两束或四束红外线，这两束或四束红外线构成了周界直截面的保护区域。如果有人企图跨越被保护区域，则两束或四束红外线会被遮挡、切断，接收端输出报警信号，触发报警主机报警。如果有飞禽(如小鸟、鸽子)飞过被保护区域，由于其体积小于被保护区域，仅能遮挡一束红外线，则发射端认为正常，不向报警主机报警。

周界安防系统主要是监视站场四周围墙是否正常，有无外来人员闯入，配合工业电视系统，起到反恐、防盗的作用。

2　操作前检查

按照要求接入电源、报警输入、报警输出。

3　操作步骤

接通电源时有1min待机准备(待机指示灯亮红灯，各防区监视/报警指示灯灭)，然后自动进入监视/报警工作状态，各防区指示灯亮。

4　操作要点

4.1　报警指示灯的红灯亮，机内蜂鸣器发出报警声。按压报警防区的复位按钮，主机可解除报警状态进入工作监视状态。

4.2　每周进行1次报警器的遮挡发射试验，以及复位按钮检查，保证报警系统正常运行。

4.3　每周检查试验报警的延迟时间，如果延迟时间超过规定时间，需要对报警时间重新设置。

4.4　每月清洁一次接收器和发射器的玻璃镜面，以保证报警的准确性。

4.5　每季度对通信手孔内的积水进行外排，保证线缆在管道内保持干燥、绝缘。

5　安全注意事项

5.1　在检修前切断电源，确需带电调测的，先用试电笔对外壳进行验电，然后用具有绝缘功能的工具进行调测。

5.2　在检修时劳动保护用品必须穿戴齐全，登高时必须有专人监护。

6　故障分析判断与处理

6.1　对激光对射报警主机复位

当激光对射报警主机死机或其他原因需要复位时，在键盘上输入1、2、3、4、*、6、8、#即可对主机复位。

6.2　调整激光对射报警探头

当激光对射报警系统出现误报警或误报警无法消除时，应当考虑是否是激光报警探头错位。如果是，应当对激光报警探头位置进行调整。

6.2.1　打开激光报警探头面罩，微调激光探头位置螺丝，在主机上进行观察，直至激光对射报警消除为止。

6.2.2　此调整为微调，调整位置不宜过大，防止造成更大偏差。

6.3　解除激光对射报警警报。

6.3.1　当激光对射报警发生时，站内人员应迅速对报警防区进行检查，确认造成报警原因，消除蜂鸣器报警音及报警记忆信号。

6.3.2　当报警发生时，站内人员一方面迅速赶往现场察看，另一方面应使用视频监视系统，对报警区域进行观察，排除报警因素。

6.3.3　在激光对射报警主机键盘上输入1、2、3、4、#，确认报警，此时键盘蜂鸣器报警音消除，但键盘上方仍有报警区域符号闪动，报警记忆仍存在。

6.3.4　在键盘上输入*、1、#，报警记忆消除，此时报警状态彻底消除，可进行其他操作。

项目二　会议电视系统操作与维护

1　项目简介

会议电视系统是指两个或两个以上不同地方的个人或群体，通过传输线路及多媒体设备，将声音、影像及文件资料互传，实现即时且互动的沟通，以实现远程会议的系统设备。视频会议的使用有点像电话，除了能看到与你通话的人并进行语言交流外，还能看到通话人的表情和动作，使处于不同地方的人就像在同一会议室内沟通。

2　操作前的检查和确认

检查所有连接线缆，确认无误。

3　操作步骤

3.1　打开主机和显示器的电源，启动应用程序。

3.2　屏幕上出现连接准备就绪，此时即可开始等待RMCC呼叫（各单位可相互间点对点试验，但试验必须在点名前30min结束）。

4　操作要点

4.1　终端连线。

4.1.1　定期（建议每周一次）检查连接终端和外围设备、电源间的线缆是否有松动，打开终端电源，启动终端。

4.1.2　测试线缆连接是否正常，如果有松动，立即拧紧。

4.2　设备自检。

4.2.1　接到会议通知后，要进行设备自检，调整电视机色度、对比度、量度钮（键），使画面颜色正常。

4.2.2　调整电视机音量开关，使音量适中。

4.2.3　摄像头旋转正常。

4.3　麦克风的位置。

麦克风要与噪声源（如喇叭、投影仪等）保持2m以上的距离，以免影响会议质量。讲话者要面对麦克风，以获得最好的音响效果。

4.4　摄像头。

由于摄像头为精密机械传动设备，严禁手动强行转动摄像头。用键盘和遥控板对摄像头进行操作。

5 故障分析判断与处理

会议电视系统故障分析判断与处理，见表 3 – 11。

表 3 – 11 故障分析与处理

故障	原因	处理方法
终端启动但未入会，监视器上既不显示遥控器画面，也不显示本端图像	1. 数据设置错误； 2. 连线松动	1. 检查监视器的视频通道设置是否合理； 2. 拧紧
终端启动但未入会，监视器上显示遥控器画面，显示本端图像为蓝屏	1. 摄像机休眠； 2. 视频源不对	1. 使用摄像机遥控器唤醒； 2. 切换到正确的连接视频源
终端已入会，但是本端监视器无声音输出	1. 本端故障； 2. 远端故障	1. 先使用"声音测试"判断故障是本端还是远端； 2. 本端问题，检查是否静音或者音量被调到最小，若不是再检查音频连线是否连接错误或者松动； 3. 远端问题，则联系远端会场管理人员协助解决问题

模块十　站场电气系统操作与维护

项目一　柴油发电机组启停操作

1　项目简介

应急柴油发电机组可以在市电断电后起到维持正常运营的作用。发电机组平时处于停机等待状态，只有当主用电源全部故障断电后，应急柴油发电机组才启动运行，供给紧急用电负荷。当主用电源恢复正常后，随即切换停机。

2　操作前准备

2.1　劳保穿戴整齐。

穿戴标准配置的劳保用品：安全帽帽壳、帽箍、顶带完好，后箍、下颌带调整松紧合适、固定可靠，女同志头发盘于帽内；工衣袖口、领口扣子扎紧；工鞋大小合适，鞋带绑扎松紧合适不落地。

2.2　工具、用具准备。

防爆对讲机、毛巾、防爆手电（夜间携带）、万用表、记录纸、记录笔等，并保证对讲机处于良好状态。

2.3　操作前的检查和确认。

2.3.1　润滑油检查，确认油位标准在油标尺的最大和最小位置之间。

2.3.2　冷却水检查，确认水箱水已加满。

2.3.3　电瓶检查，确认单只电瓶必须达到12V以上，2只电瓶应不小于24V。

2.3.4　启动前，确认控制屏无红灯报警。如有红灯，应处理相应故障，连续按两下红色停止键，故障复位。

2.3.5　确认柴油机各部分正常，机械上无妨碍运转杂物。

2.3.6　手动启动前确认紧急停机开关状态。若未复位，手动旋出紧急停机开关使之复位。

3　操作步骤

3.1　启运操作。

3.1.1　手动状态：按下控制器面板"启动按钮"，机组即可启动。

3.1.2　自动状态：按控制器面板"自动"状态按钮，系统自动检测市电状态。市电异常，自动执行机组启动程序。如图3－19所示。

3.2　停运操作。

3.2.1　手动状态：手动卸除全部负载，机组空载冷却运行3～5min，按下控制器面板

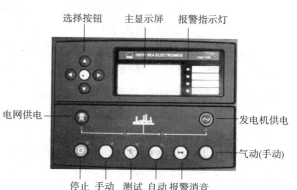

图3－19　柴油发电机控制面板示意图

"停止按钮"，机组即可停止。

3.2.2　自动状态：系统自动检测市电状态。当市电恢复正常后，经延时确认（0~60s可调），机组自动执行停机程序（如配有 ATS 切换屏，则发出负载切换至市电侧信号），经冷却运转 3~5min 后，机组自动停止，重新处于待机状态。

3.3　紧急停车。

当柴油机或发电机突然发生故障时，可按下"紧急停机"按钮，机组立即停机。

4　操作要点

4.1　启动后应检查机组有无异响，各测量指标是否正常。

4.2　运行期间，参数查看可先用翻页键选取所需的参数测量页大菜单，然后用上下键选取其中的一页。

4.3　机组运行正常指标：机油压力 2~10bar；水温正常值冬季 80~85℃、夏季 85~95℃；频率 50Hz；电压 400V/230V；转速 1500r/min；电压充电指示 24.5~28.5V。

4.4　运行中要随时观察机组运行状态，每小时作一次值班记录。

4.5　机组一旦发生故障或异响时，应立即停机检查原因或向有关维修人员报告。

5　安全注意事项

5.1　机组运转或水温高时，严禁打开水箱盖，防止烫伤。

5.2　带负荷时，首先合上发电机进线开关，然后再从大到小逐步合上各分路负荷开关。

5.3　手动启动确认市电断路器在分闸状态，确保机组在启动和运行期间，市电和机电不重叠，以免发生重大事故。

5.4　自动启动前确认市电和机电灵活安全切换，确保机组在启动和运行时市电和机电不重叠，以免发生重大事故。

5.5　无突然故障，严禁使用"紧急停车"。

6　检查及维护保养

6.1　维护保养。

6.1.1　磨合期为 50h，在此期间允许最大负载为额定负载的 70%~80%。

6.1.2　磨合期满后，要将机油和机油滤清器全部更换，以后可按常规定期更换。

6.1.3　每运行 250h 或 3 个月，必须更换柴油滤芯、机油滤芯、空气滤芯。

6.1.4　每运行 250h 或 6 个月，必须更换柴油机油。

6.1.5　按规定时间实施 B 级、C 级、D 级保养。

6.1.6　各种耗材配件必须使用原厂配件，以免对机组造成不必要的损坏。

6.1.7　禁止机组长时间空载运行，若为主电力长期运行，负载最好不低于 30%，不高于 80%。

6.1.8　作为备用机组时，每 10~15d 启动机组一次，空载时间不应超过 15min。

6.1.9　每次加注柴油前，需清放沉积于箱底的杂质水分。

6.2　每日检查内容。

6.2.1　每天检查一次发电机充电箱是否正常运行，正常为电源指示灯亮起，输出直流电压 24.5~28.5V。

6.2.2　应保持柴油发电机房的清洁，每周全面打扫一次。

6.3　每月检查内容。

6.3.1　每月检查一次冷却剂液位是否合适(邻近水箱盖),检查此项时切不可在发电机运行时检查。

6.3.2　每月检查一次发电机的机油液位是否正常。

6.3.3　每月进行控制器面板指示灯实验。

6.3.4　每月分两次对发电机组在空载下试运行15min,检查机组运行是否正常。

6.3.5　每月清洁电瓶和电瓶架。

6.3.6　每月检查一次发电机组启动电压,应保持在24V以上。

7　突发事件应急处置

7.1　现场出现火灾爆炸时,应立即停止作业,妥善处理现场。

7.2　如事件不可控制时,应立即启动站场《应急处置预案》进行处理。

项目二　索克曼 UPS 电源操作

1　项目简介

市电输入接主输入开关,输入相线经电流互感器接入并机模块。并机模块控制 UPS1 和 UPS2 的市电输入。市电接入,经过"整流→充电→逆变→输出",并入并机模块。市电断电情况下,直接经电池逆变后输出。UPS1 和 UPS2 都正常工作时,各提供50%输出。其中一台异常时,则由另一台100%提供输出。如图3-20所示。

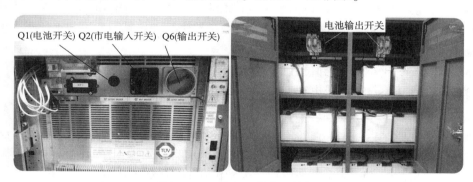

图3-20　输入、输出开关图

UPS 系统由机柜、UPS 主机(两台)、并机模块、直流储电池组等主模块构成。

2　操作前准备

2.1　劳保穿戴整齐。

穿戴标准配置的劳保用品:安全帽帽壳、帽箍、顶带完好,后箍、下颌带调整松紧合适、固定可靠,女同志头发盘于帽内;工衣袖口、领口扣子扎紧;工鞋大小合适,鞋带绑扎松紧合适不落地。

2.2　工具、用具准备。

巡检包、防爆对讲机、毛巾、防爆手电(夜间携带)、万用表等,并保证对讲机处于良好状态。

2.3　操作前的检查和确认。

2.3.1　检查配电室抽屉开关 UPS 主路及旁路市电输入空开是否在分闸位置。

2.3.2　检查并机柜内主路及旁路市电输入空开是否在合闸位置。

2.3.3 检查并机柜内 UPS 输出空开是否在分闸位置。

2.3.4 检查电池柜内开关是否分闸，保险丝瓷管有无变色、发黑现象。

3 操作步骤

3.1 UPS 直流电源启机操作。

3.1.1 按"ENTER"进入主菜单，进入 UPS 程序，显示 UPS 启动，点"√"确认。

3.1.2 电池组保险合闸到"ON"。

3.1.3 将 Q2 由"0"合闸到"1"。

3.1.4 将 Q6 由"0"合闸到"1"，UPS 启动。

3.2 UPS 直流电源关机操作。

3.2.1 按"ENTER"进入主菜单，进入 UPS 程序，显示 UPS 停止，点"√"确认。

3.2.2 将 Q2 由"1"合闸到"0"。

3.2.3 将 Q6 由"1"合闸到"0"，UPS 停止运行。

3.3 开关开到手动旁路。

3.3.1 转换到手动旁路，在 UPS 输入和输出之间创建直接连接，完全除去设备的控制部分。

3.3.2 该操作在设备的普通维护情形下进行，从不负载处取消电源，或在设备发生严重故障的情形下等候处理。

3.3.3 从模拟面板在 COMMANDS > IMMEDIATE COMMANDS 命令 > 直接命令菜单设置"ECONOMY MODE""经济模式"命令，等候命令被执行。如果不发生如上情形，暂停操作(辅助市电不适合负载)。

3.3.4 设置断开开关 Q6 到位置 2。

3.3.5 设置开关 Q1 和/或电池开关到位置 0(电池电路打开)。

3.3.6 打开开关 Q2。

3.4 回到普通模式。

3.4.1 设置开关 Q2 到位置 1(输入由市电提供)。

3.4.2 设置开关 Q1 和/或外在电池开关到位置 1(电池电路闭合)。

3.4.3 在模拟面板上从命令菜单激活启动程序。

3.4.4 检查警报 A06 不存在(如果警报存在，在继续之前解决问题)。

3.4.5 设置断开开关 Q6 到位置 1(输出由逆变器提供)。

3.5 紧急关断(ESD)。

3.5.1 条件：必须迅速中断由 UPS 提供的连续电源(紧急停机)。

3.5.2 操作：断开开关 Q6 到位置 0，通过激活紧急按钮/开关连接到 ADC 卡上。

4 安全注意事项

4.1 为防止触电，连接和断开智能负载的电流线和电压采集线到蓄电池上时必须佩戴绝缘手套进行操作。

4.2 严格按照《低压电气设备维护作业管理规定》《电气装置使用、作业及安全管理规定》进行作业。

5 故障分析判断与处理

UPS 系统故障分析判断与处理，见表 3 – 12。

表 3-12　故障分析与处理

故障	原因	处理方法及注意事项
电池报警	电池电路故障	关合电池开关
电池电路断开	电池开关断开	关合电池开关
风扇故障	UPS 进气口或排气口受阻塞	检查并保证 UPS 前面进气口及后面排气口不受阻塞
输出过载	负载超过 UPS 可用功率	检查实际负载量并适当减少不必要负荷
温度过限	UPS 温升超过其最大允许值	检查 UPS 进气口及排气口是否受到阻塞，保证机房温度控制在 25℃左右

6　突发事件应急处置

6.1　现场出现火灾爆炸时，应立即停止作业，妥善处理现场。

6.2　如事件不可控制时，应立即启动站场《应急处置预案》进行处理。

项目三　UPS 电源放电操作

1　项目简介

UPS 电源对保护数据及机器设备不受损坏有着重要的影响。所以正确地运用及维护 UPS 尤为重要。放电可起到激活电池的效果，还可延长 UPS 电池的使用时长。

2　操作前准备

2.1　劳保穿戴整齐。

穿戴标准配置的劳保用品：安全帽帽壳、帽箍、顶带完好，后箍、下颌带调整松紧合适、固定可靠，女同志头发盘于帽内；工衣袖口、领口扣子扎紧；工鞋大小合适，鞋带绑扎松紧合适不落地。

2.2　工具、用具准备。

巡检包、防爆对讲机、毛巾、防爆手电（夜间携带）、万用表等，并保证对讲机处于良好状态。

2.3　操作前的检查和确认。

2.3.1　核实 UPS 计划放电期间市电供电是否正常，有无计划停电。

2.3.2　放电之前需用电池测量仪测量确认电池内阻是否偏高，每节电池电压是否正常。如检测出电池相关参数值偏离正常值则中断电池放电操作，尽快查明原因，判断电池能否继续使用，制定相应对策。

2.3.3　检查确认 UPS 输出电压、电流、频率等是否正常。

2.3.4　检查确认放电前 UPS 电源可后备的大约时长，可在放电时有所准备，避免因放电至后备时间时，在毫无准备下所导致的负载停机及设备损坏。

3　操作步骤

3.1　放电时蓄电池与 UPS 主机断开。

3.2　接好电源线，打开智能负载机。

3.3　开机后，在智能负载的主菜单中设置好待测蓄电池的各项参数。

3.4　接电压采集线。

3.5 放电测试前，正确插好 U 盘。

3.6 在智能负载的主菜单中选择"开始放电"，即可按照设定的电流大小进行恒电流放电。

4 操作要点

4.1 UPS 蓄电池在每年的 4 月和 11 月用智能负载做一次放电。

4.2 放电过程中，仪器如果满足"总电压下限到、单电压下限到、放电时间到"中的任一条件，智能负载就会自动停止放电，从而保护蓄电池不致被过放电。

4.3 放电测试中间，也可手动在仪器主菜单中选择"停止放电"上确认，进而在任一时间内手动终止放电。放电时间一般控制在总时间的 1/4 ~ 2/5。

4.4 测试完成后，先关智能负载，然后拆除蓄电池组一端所有的测试线，再拆除仪器一端的线。

4.5 每台 UPS 放电操作后，将 U 盘上的数据拷到软件的数据库，进行分析比较。

4.6 每台 UPS 进行放电操作后，在电气设备管理台账上进行登记。

5 安全注意事项

5.1 为防止触电，连接和断开智能负载的电流线和电压采集线到蓄电池上时必须佩戴绝缘手套进行操作。

5.2 严格按照《低压电气设备维护作业管理规定》《电气装置使用、作业及安全管理规定》进行作业。

6 突发事件应急处置

6.1 现场出现火灾爆炸时，应立即停止作业，妥善处理现场。

6.2 如事件不可控时，应立即启动站场《应急处置预案》进行处理。

项目四　时控开关操作与维护

1 项目简介

时控开关是一个以单片微处理器为核心，配合电子电路等组成一个电源开关的控制装置，能以天或星期循环且多时段的控制家电的开闭。时间设定从 1s 到 168h，每日可设置 1 ~ 4 组，且有多路控制功能。输出电流为 10 ~ 25A，可正常控制 2200W 至更大功率的电器工作，也可与继电器、接触器等结合控制其他各种大功率动力设备。通过设置时间段控制电源，也可以控制交流接触器的开闭。

2 操作前准备

2.1 劳保穿戴整齐。

穿戴标准配置的劳保用品：安全帽帽壳、帽箍、顶带完好，后箍、下颌带调整松紧合适、固定可靠，女同志头发盘于帽内；工衣袖口、领口扣子扎紧；工鞋大小合适，鞋带绑扎松紧合适不落地。

2.2 工具、用具准备。

测电笔、防爆对讲机、毛巾、符合设备电压等级的绝缘工具等，并保证对讲机处于良好状态。

2.3 操作前的检查和确认。

2.3.1 设备完好，运行正常。

2.3.2　绝缘工具经资质部门检验合格，并在有效期内。

3　操作步骤

3.1　开关设定。

3.1.1　按实际需要，对准24h刻度盘外侧方槽做简单和精确的开/关设定，最小设定单位15min。

3.1.2　利用刻有"ON"绿色插键设定开时刻。

3.1.3　利用有"OFF"红色插键设定关时刻。

3.2　当前时钟调整。

3.2.1　将带有分针的转盘按12h钟面上箭头所示的顺时针方向转动，使时针和分针分别对准目前的时刻位置。

3.2.2　按电池盖导向箭头所示打开电池盖，插好插头即可，使钟面孔内的红色三角秒针正常启动运转计时。

3.3　控制方式选择。

转动面板上旋钮，可自行选择路灯的控制方式(手控、停、时控)。

4　操作要点

4.1　插入键无论是绿色"ON"键或红色"OFF"键都必须将键插到底。

4.2　绿色"ON"(开键)和红色"OFF"(关键)必须顺序交替使用即开－关－开－关，以之循环设定，否则会造成损坏。

4.3　24h刻度盘禁止拨动。

5　安全注意事项

5.1　操作时使用符合设备电压等级的绝缘工具。

5.2　严禁用手触摸设备外露的金属部分。

5.3　通电使用时，禁止触摸内部电子元件及线路，以防触电。

6　突发事件应急处置

6.1　现场出现火灾爆炸时，应立即停止作业，妥善处理现场。

6.2　如事件不可控制时，应立即启动站场《应急处置预案》进行处理。

模块十一　站场仪表风系统操作与维护

项目一　英格索兰 RS30i 型空气压缩机启停操作

1　项目简介

该仪表风系统主要为站场中的气动仪表、气动阀门、紧急关断系统等提供气源，在装置开停工时为设备、管线提供扫线风。该系统主要包括空气压缩机、仪表风干燥器和仪表风缓冲罐。

2　操作前准备

2.1　劳保穿戴整齐。

穿戴标准配置的劳保用品：安全帽帽壳、帽箍、顶带完好，后箍、下颌带调整松紧合适、固定可靠，女同志头发盘于帽内；工衣袖口、领口扣子扎紧；工鞋大小合适，鞋带绑扎松紧合适不落地。

2.2　工具、用具准备。

专用扳手、验漏液、防爆对讲机等。

2.3　操作前的检查和确认。

2.3.1　检查确认空气压缩机、干燥器，安全接地 PE 连接到系统接地点上。

2.3.2　检查确认电动机旋转方向正确。

2.3.3　检查确认冷却油油位大于油位窗口的 1/2，必要时加注。

2.3.4　检查确认排气管道通畅，机身连接螺栓紧固，确认后关上机柜门。

2.3.5　检查确认空气压缩机电源总开关已接通，电源指示灯亮。

2.3.6　检查确认主排气阀已打开，空气压缩机出口阀门已开启，干燥器进口阀门、出口阀门已开启，仪表风储罐进出口阀门已开启且排污阀门关闭，仪表风调压阀前后控制阀开启，旁通阀门关闭。

2.3.7　检查确认仪表风气动切断阀、储罐安全阀已投运。

2.3.8　确认空气压缩机控制面板无报警。

3　操作步骤

3.1　本地启动及加载。

3.1.1　确认干燥器为"就地控制"，测试旋钮在 20min 处。

3.1.2　按下控制面板上的"启动按钮"。

3.1.3　空气压缩机启动后，控制系统根据预设程序自动加载。

3.1.4　顺时针旋转干燥器电源开关。

3.1.5　待空气压缩机正常运行，空气压缩机压力大于 0.5MPa 时（空气压缩机显示屏主界面），旋转干燥器"启动按钮"。

3.2　本地卸载停机。

3.2.1　旋转干燥器启停机旋钮到停机位。

3.2.2　按下压缩机控制器上的"停机"按钮，空气压缩机会先卸载，然后延时停机。

3.2.3　切断电源总开关。

3.2.4　当空气压缩机出现问题，需立即停机时可按下紧急按钮，空气压缩机立即停机，而后切断电源总开关。

3.3　自动启停加卸载。

3.3.1　确认空气压缩机、干燥器电源已接通，空气压缩机 A 机、B 机的压力带设置范围均大于联控柜上压力带设置，确认干燥器 A 机和 B 机远控/就地旋钮打在"远控"上，确认仪表风流程均已导通。

3.3.2　将联控柜本地/远程旋钮打到"远程"，按下系统"启动按钮"，完成空气压缩机和干燥器的自动启动加载。

3.3.3　停机时按下系统"停止按钮"。

3.3.4　如遇紧急情况按下"急停按钮"。

4　操作要点

4.1　启机操作时，所有保护措施必须到位，保证门/盖关闭。

4.2　一次启机不成功，排除故障后，再启动空气压缩机组。

4.3　启机后，观察排气压力稳定在 0.8～1.0MPa。

4.4　观察排气温度在 102℃以下。

4.5　观察空气压缩机无漏气、漏油现象，无异响。

4.6　空气压缩机运行正常后，对仪表风系统巡检验漏。

5　安全注意事项

5.1　检查流程，手动操作工艺系统阀门时，防止人体正对阀门手轮，应站在侧面操作。

5.2　启机前检查时，禁止拉扯控制管路和自控线路，以免接口处泄漏。

5.3　仪表风系统运行时禁止拆除各种盖帽，松开或拆除任何接头或装置，机器中的高温液体和压力空气会造成严重人身伤害乃至死亡。

5.4　空气压缩机的电机启动控制箱有高电压危险，一切检维修作业前或者在电气系统上进行工作之前，确保利用手动断开开关切断系统电压。在导入空气压缩机的电源供给线路中必须配备断路器或熔断器安全开关。

5.5　禁止在高于空气压缩机铭牌所规定的排气压力下运行空气压缩机，否则会导致电机过载，引起空气压缩机电机停机。

5.6　在仪表风系统上进行任何机械工作之前，必须采取安全防范措施。

5.6.1　关闭空气压缩机。

5.6.2　利用手动断开开关，将供电线路与机器隔断，锁止并挂好标记牌，使机器无法运行。

5.6.3　释放空气压缩机系统内压力，将机器与其他任何气源隔断。

5.6.4　维护保养工作完成后，将各种盖板和罩壳重新安装好。

项目二　英格索兰 M160—A10 型空气压缩机启停操作

1　项目简介

空气压缩机是仪表风系统中的主体，是将原动机（通常是电动机）的机械能转换成气体压力能的装置，是压缩空气的气压发生装置。仪表风给各个生产用气设备提供动力。本项目中的空气压缩机是电机驱动，单级压缩的螺杆空压。一台标准空气压缩机由主机和电机系统、冷却和分离系统、气路和调节系统、控制和电气系统等部分组成。

2　操作前准备

2.1　劳保穿戴整齐。

穿戴标准配置的劳保用品：安全帽帽壳、帽箍、顶带完好，后箍、下颌带调整松紧合适、固定可靠，女同志头发盘于帽内；工衣袖口、领口扣子扎紧；工鞋大小合适，鞋带绑扎松紧合适不落地。

2.2　工具、用具准备。

专用扳手、验漏液、防爆对讲机。

2.3　操作前的检查和确认。

2.3.1　检查确认冷却油油位大于油位窗口的1/2，必要时加注。

2.3.2　检查确认排气管道通畅，机身连接螺栓紧固。

2.3.3　检查确认冷却剂液位、冷却器无堵塞，机组预过滤无积灰堵塞、水气分离器的冷凝水排放阀正常。

2.3.4　检查确认空气压缩机出口阀、干燥器进出口阀已开启，仪表风储罐进出口阀门已开启且排污阀门关闭，仪表风调压阀前后控制阀开启，旁通阀门关闭。

2.3.5　闭合主电源开关，"显示屏"点亮，表示控制回路接通电源，同时，"卸载"指示灯亮。

2.3.6　检查确认干燥器为自动控制，切换时间在10min处。

3　操作步骤

3.1　本地启动。

3.1.1　按下"Start"启动按钮，压缩机启动。如有供气需求，压缩机会自动加载。

3.1.2　空气压缩机启动后，顺时针旋转干燥器电源开关，电源指示灯亮。

3.1.3　待空气压缩机正常运行至空气压缩机压力大于0.5MPa时（空气压缩机显示屏主界面），且干燥器左右塔压力平衡与空气压缩机出口压力相同时旋转干燥器"启动按钮"。

3.2　本地停机。

3.2.1　旋转干燥器"启停机旋钮"到停机位。

3.2.2　按下"Stop"卸载停机按钮，压缩机立即卸载，并继续运行约7s后，压缩机停机。如果在卸载运行过程中，按下"Stop"按钮，压缩机会立刻停机。

3.2.3　切断主电源开关。

3.3　紧急停车。

3.3.1　如有必要立即停车或者按"Stop"按钮7s后不能停车，按下"E/Stop"紧急停车按钮，压缩机会立刻停机。

3.3.2　切断主电源开关。

4　操作要点

4.1　启机操作时，所有保护措施必须到位，保证门/盖关闭。

4.2　一次启机不成功，排除故障后，再启动空气压缩机组。

4.3　启机后观察排气压力稳定在 0.8~1.0MPa。

4.4　观察排气温度在 102℃以下。

4.5　观察空气压缩机无漏气、漏油现象，无异响。

4.6　空气压缩机运行正常后，对仪表风系统巡检验漏。

4.6.1　岗位值班人员每 2h 对仪表风装置流程巡回检查一次。每周或半月进行一次机组的切换工作。

4.6.2　设备运行参数：机组压力、主机排温、分离前压力、运行时间、环境温度、空滤时间、油滤时间、油分时间；卸载状态时油位视窗位于 1/3~2/3 处；加载状态时空气滤芯压差指示正常；加载状态时主机油滤压差不大于 12psi。

4.6.3　设备排污：每 2h 对空气压缩机出口的空气储罐（缓冲罐）、各级管道过滤器进行就地手动排污一次；夏季（6 月 15 日—8 月 30 日）视情加密排污，确保干燥器运行工况良好。

4.6.4　检查干燥器 A/B 塔切换循环时间为 10min，各气动阀工作正常；消声器无脏堵，无破损，无明显杂质排出；再生用压力在 0.35~0.45MPa。

4.6.5　检查各级管道过滤器压差正常（压差计指针在绿色区域）。

4.6.6　检查仪表风供气水露点 ≤ −40℃（或低于环境温度 5℃）。

4.6.7　检查各安全附件、仪表灵活可靠；设备、管线无跑、冒、滴、漏现象。

4.6.8　作好记录，将巡回检查情况填写在巡回检查记录本上。

4.6.9　发现异常情况立即汇报中控室并依据应急处置预案及时处理。

5　安全注意事项

5.1　检查流程，手动操作工艺系统阀门时，防止人体正对阀门手轮，应站在侧面操作。

5.2　启机前检查时，禁止拉扯控制管路和自控线路，以免接口处泄漏。

5.3　当仪表风系统在运行时禁止拆除各种盖帽，松开或拆除任何接头或装置，机器中的高温液体和压力空气会造成严重人身伤害乃至死亡。

5.4　空气压缩机的电机启动控制箱有高电压危险，一切检维修作业前或者在电气系统上进行工作之前，确保利用手动断开开关切断系统电压。在导入空气压缩机的电源供给线路中必须配备断路器或熔断器安全开关。

5.5　禁止在高于空气压缩机铭牌所规定的排气压力下运行空气压缩机，否则会导致电机过载，引起空气压缩机电机停机。

5.6　在仪表风系统上进行任何机械工作之前，必须采取安全防范措施。

5.6.1　关闭空气压缩机。

5.6.2　利用手动断开开关，将供电线路与机器隔断，锁止并挂好标记牌，使机器无法运行。

5.6.3　释放空气压缩机系统内压力，将机器与其他任何气源隔断。

5.6.4　维护保养工作完成后，将各种盖板和罩壳重新安装好。

项目三　KSN—80E 变压吸附制氮装置启停操作

1　项目简介

在一定压力下，由于动力学效应，氧、氮在碳分子筛上的扩散速率差异较大，短时间内氧分子被碳分子筛大量吸附，氮分子气相富集，达到氧氮分离的目的。

2　操作前准备

2.1　劳保穿戴整齐。

穿戴标准配置的劳保用品：安全帽帽壳、帽箍、顶带完好，后箍、下颌带调整松紧合适、固定可靠，女同志头发盘于帽内；工衣袖口、领口扣子扎紧；工鞋大小合适，鞋带绑扎松紧合适不落地。

2.2　工具、用具准备。

专用扳手、验漏液、防爆对讲机。

2.3　操作前的检查和确认。

2.3.1　检查确认空气压缩机和干燥装置处于正常运转状态，且仪表风压力达到 0.75MPa。

2.3.2　检查确认设备进出口阀门全部处于开启状态。

2.3.3　检查确认电源正常。

2.3.4　检查确认设备本身整洁，周边环境清理干净。

3　操作步骤

3.1　开机操作。

3.1.1　按下分析仪上的电源开关接通电源。

3.1.2　将"远程""就地"转换开关旋至"就地"。

3.1.3　轻触触摸显示屏使其亮起。

3.1.4　按下触摸屏上的"进入系统"。

3.1.5　按下触摸屏上的"启动按钮"。

3.1.6　待制氮机运转正常，调节氮气流量，观察氮气纯度达到设定值。

3.1.7　作好记录。

3.2　停机操作。

3.2.1　调节氮气流量至零。

3.2.2　按下触屏上"停止按钮"。

3.2.3　关闭设备进、出口阀门。

4　操作要点

4.1　刚开机或运行中氮气纯度不合格时，自动放空指示灯亮，此时不合格氮气放空阀自动打开。

4.2　当纯度达到设定要求时，放空指示灯灭，出口指示灯亮，此时自动关闭放空阀，打开氮气出口阀，自动输送合格氮气。

4.3　系统配置自动排污系统，需定时检查自动排污是否正常运行。当自动排污出现故障时可采用手动排污的方式进行排污。

4.4　当气缸上的报警指示灯亮时，应及时添加分子筛，拆开盖板上的螺丝，拿出气缸活塞即可添加。

4.5　观察过滤器压差是否在正常范围内，如果压差超出正常压差范围则必须更换过滤器滤芯

5　安全注意事项

5.1　检查流程，手动操作工艺系统阀门时，防止人体正对阀门手轮，应站在侧面操作。

5.2　启机前检查时，禁止拉扯控制管路和自控线路，以免接口处泄漏。

5.3　制氮机长时间停机的情况下系统断电，短时间停机无须断电。

5.4　定期检查各电器接口有无脱线或松动，若有应及时处理。上述过程必须在断电状况下进行。

项目四　FD—120 变压吸附制氮装置启停操作

1　项目简介

在一定压力下，由于动力学效应，氧、氮在碳分子筛上的扩散速率差异较大，短时间内氧分子被碳分子筛大量吸附，氮分子气相富集，达到氧氮分离的目的。

2　操作前准备

2.1　劳保穿戴整齐。

穿戴标准配置的劳保用品：安全帽帽壳、帽箍、顶带完好，后箍、下颌带调整松紧合适、固定可靠，女同志头发盘于帽内；工衣袖口、领口扣子扎紧；工鞋大小合适，鞋带绑扎松紧合适不落地。

2.2　工具、用具准备。

专用扳手、验漏液、防爆对讲机。

2.3　操作前的检查和确认。

2.3.1　检查确认空气压缩机和干燥装置处于正常运转状态，且仪表风压力达到 0.75MPa。

2.3.2　检查确认设备进出口阀门全部处于开启状态。

2.3.3　检查确认电源正常（220V/50Hz）。

2.3.4　检查确认设备本身整洁，周边环境清理干净。

2.3.5　检查确认压缩空气参数正常：压缩空气量 $6Nm^3/min$；压缩空气压力≥0.8MPa。

2.3.6　确认制氮机参数设定：氮气产气流量 $120Nm^3/min$；氮气纯度≥99%；氮气压力 0.5~0.6MPa；氮气露点≤ -40℃。

3　操作步骤

3.1　开机操作。

3.1.1　缓慢打开制氮机总进口截止阀，并调节减压阀压力。

3.1.2　打开电源开关，在制氮机控制柜氧分仪上设定氧含量上限，装置正常工作。

3.1.3　打开氧分仪电源，调节取样阀压力，并检测氮气纯度。

3.1.4　通过调整氮气出口阀的开度调节氮气的浓度和流量。

3.2　停机操作。

3.2.1　关闭氮气出口阀和取样阀。

3.2.2　关闭压缩空气进口阀。

3.2.3　关闭制氮机电源。

4　操作要点

4.1　当压缩空气源压力达到 0.7MPa 时方可打开制氮机总进口截止阀，此阀不宜开得过大，保证制氮机最终能达到吸附压力即可，调节气动阀门工作气源处的减压阀压力至 0.5～0.6MPa。

4.2　根据两个吸附塔的压力变化判断两吸附塔是否正常切换。工作塔的压力应与压缩空气的压力相差 0.05MPa 左右，再生塔压力为零，均压时两塔压力应接近原工作塔压力的一半。

4.3　打开氧分仪电源，调节取样阀将压力调到 1.0bar，调节取样流量调节阀，将气量调至在探头出口处能感觉到有气出来即可，采样气量不宜过大。

4.4　调节氮气的浓度和流量时，缓慢打开放空出口截止阀，调节流量至额定流量的一半。当氮气纯度达到要求后，缓慢打开纯气出口截止阀，将流量调至所需的流量，关闭放空出口截止阀，设备正常运转即可投入使用。

5　安全注意事项

5.1　检查流程，手动操作工艺系统阀门时，防止人体正对阀门手轮，应站在侧面操作。

5.2　启机前检查时，禁止拉扯控制管路和自控线路，以免接口处泄漏。

5.3　制氮机长时间停机的情况下系统断电，短时间停机无须断电。

5.4　定期检查各电器接口有无脱线或松动，若有应及时处理。上述过程必须在断电状况下进行。

项目五　添加冷却剂操作

1　项目简介

空气压缩机在使用过程中必须经常检查润滑油油量，发现油位太低时应及时补充润滑油，确保设备润滑和冷却性能完好。

2　操作前准备

2.1　劳保穿戴整齐。

穿戴标准配置的劳保用品：安全帽帽壳、帽箍、顶带完好，后箍、下颌带调整松紧合适、固定可靠，女同志头发盘于帽内；工衣袖口、领口扣子扎紧；工鞋大小合适，鞋带绑扎松紧合适不落地。

2.2　工具、用具准备。

防护手套、护目镜、活动扳手 300mm、滤网漏斗、棉纱、钥匙、冷却剂等。

2.3　操作前的检查和确认。

2.3.1　确认空气压缩机已停机，并且已经切断电源，机组内部无压力。

2.3.2　确认机组已冷却，以免在操作时烫伤。

3　操作步骤

3.1　用扳手轻轻松开加油塞，确定无气体漏出后，卸掉加油塞。

3.2　将漏斗对准加油口，准备添加冷却剂。

3.3 将冷却剂缓慢倒入漏斗内，随时注意液位变化。

3.4 当液位到达视管绿带2/3时，停止添加冷却剂。

3.5 取下漏斗将加油塞拧紧，完成添加冷却剂操作。

4 操作要点

4.1 卸下加油塞前，应确保油箱内没有多余压力。应缓慢卸松加油塞，稍等片刻，等无气体溢出后，再完全卸下加油塞。

4.2 添加冷却剂时，应缓慢添加并随时注意油位变化。

4.3 完成操作后，启动空气压缩机进行验漏。

5 安全注意事项

5.1 操作过程中，注意劳保穿戴齐全，戴好防护手套、护目镜。

5.2 注意防止冷却剂添加过程中溢出。

模块十二　管道保护系统操作与维护

项目一　恒电位仪启停操作

1　项目简介

恒电位仪整体说是一个负反馈放大—输出系统，与被保护物（如埋地管道）构成闭环调节，通过参比电极测量通电点电位，作为取样信号与控制信号进行比较，实现控制并调节极化电流输出，使通电点电位得以保持在设定的控制电位上。

恒电位仪主要用于在电极过程动力学、电分析、电解、电镀、金属相分析，金属腐蚀速度测量和各种腐蚀与防腐研究以及电化学保护参数测试。

2　操作前准备

2.1　劳保穿戴整齐。

穿戴标准配置的劳保用品：安全帽帽壳、帽箍、顶带完好，后箍、下颌带调整松紧合适、固定可靠，女同志头发盘于帽内；工衣袖口、领口扣子扎紧；工鞋大小合适，鞋带绑扎松紧合适不落地。

2.2　工具、用具准备。

万用表、防爆对讲机。

2.3　操作前的检查和确认。

2.3.1　检查确认各插接件齐全。

2.3.2　确认所有接线正确无误。

3　操作步骤

3.1　恒电位仪单独启机操作。

3.1.1　合上恒电位仪市电断路器，恒电位仪液晶屏先显示 LOGO，而后进入主界面，此时恒电位仪已经进入工作状态。如图 3-21 所示。

3.1.2　按下恒电位仪操作面板上的"运行"键。

图 3-21　显示界面

3.2　恒电位仪配合控制柜启机操作。

3.2.1　合上恒电位仪市电断路器。

3.2.2　合上控制柜后部配电盘上的"总开关"，电源指示灯亮。

3.2.3　合上控制柜操作面板上的电源开关，电压表和电流表有显示，运行指示灯亮。

3.2.4　恒电位仪面板电源指示灯亮，恒电位仪液晶屏先显示 LOGO，而后进入主界面。

3.3　恒电位仪单独停机操作。

3.3.1　按下恒电位仪操作面板上的"停止"键。恒电位仪停止指示灯亮，液晶屏状态栏显示"停止"，恒电位仪停止输出。液晶屏显示界面如图 3-22 所示。

参比电位：××× 预置电位：×××	状态
输出电压：××× 输出电流：×××	恒电位 停止

图 3－22　显示界面

3.3.2　断开恒电位仪市电断路器。恒电位仪电源指示灯(红色)灭，液晶屏将没有显示，风机也停止工作。

3.3　恒电位仪配合控制柜停机操作。

3.3.1　按下恒电位仪操作面板上的"停止"键。恒电位仪停止指示灯亮，液晶屏状态栏显示"停止"，恒电位仪停止输出。

3.3.2　断开控制柜操作面板上的电源开关，控制柜操作面板上的恒电位仪停止指示灯亮，恒电位仪电源指示灯灭，液晶屏将没有显示，风机也停止工作。

4　操作要点

4.1　检查恒电位仪的工作状态。恒电位仪显示的是上次断电前的状态，如果上次断电前，恒电位仪处于"恒电位"的"运行"状态，则开机后，自动按照上次设定的参数开始运行。

4.2　如果上次断电前，恒电位仪处于"恒电位"的"停止"状态，则开机后，恒电位仪仍然处于"恒电位"的"停止"状态，没有输出。

4.3　"断电测试"状态，在断电后不保存。如果断电前是"恒电位"的"断电测试"，则恢复上电后，恒电位仪运行在"恒电位"模式。

5　安全注意事项

5.1　两台恒电位仪每月需切换一次，切换时应先关后开。

5.2　保证恒电位仪正常散热，恒电位仪后面板应距墙 300mm 以上。

5.3　由于机内有高压，非专业人员禁止打开机箱，以免发生危险。

项目二　数字式万用表操作

1　项目简介

数字式万用表，是一种多用途电子测量仪器。主要功能是对电压、电阻和电流进行测量。

数字式万用表主要由表头、测量电路及转换开关三部分组成。如图 3－23 所示。

2　操作前准备

2.1　劳保穿戴整齐。

穿戴标准配置的劳保用品：安全帽帽壳、帽箍、顶带完好，后箍、下颌带调整松紧合适、固定可靠，女同志头发盘于帽内；工衣袖口、领口扣子扎紧；工鞋大小合适，鞋带绑扎

图 3－23　数字式万用表

松紧合适不落地。

2.2　工具、用具准备。

万用表、毛巾、测试电路装置、记录纸、记录笔、砂布等。

2.3　操作前的检查和确认。

检查确认数字式万用表外观、旋钮、交流电源线、直流电源线等完好无破损，电源电量充足。

3　操作步骤

3.1　测量电压。

3.1.1　黑表笔插入"COM"插孔，红表笔插入"VΩ"插孔。

3.1.2　转换开关转至"V"挡，如果被测电压大小未知，应选择最大量程，再逐步减小，直到获得分辨率最高的读数。

3.1.3　测量直流电压时，使"DC/AC"键弹起置"DC"测量方式。

3.1.4　测量交流电压时，按下"DC/AC"键弹起置"AC"测量方式。

3.1.5　将仪表笔并联在被测电路两端，并可靠接触测试点，显示屏即显示出被测电压值。测量直流电压显示时，为红表笔所接的该点电压与极性。

3.2　测量电流。

3.2.1　将黑表笔插入"COM"插孔。根据估计被测电流的大小，将红表笔插入"mA"或"20A"插孔中。

3.2.2　将转换开关转置"A"挡，若被测电流大小未知，应选择最大量程，再逐渐减小。

3.2.3　测量直流电流时，使"DC/AC"键弹起置"DC"测量方式。

3.2.4　测量交流电流时，按下"DC/AC"键弹起置"AC"测量方式。

3.2.5　将仪表的表笔串联接入被测电路中，显示屏即显示出被测电流值。测量直流电流显示时，为红表笔所接的该点电流与极性。

3.3　测量电阻。

3.3.1　将黑表笔插入"COM"插孔，将红表笔插入"VΩ"插孔。

3.3.2　将转换开关转置"Ω"挡，如果被测电阻大小未知，应选择最大量程，再逐渐减小，直到获得分辨率最高的读数。

3.3.3　将两表笔跨接在被测电阻两端，显示屏即显示被测电阻值。

4　操作要点

4.1　测量电压。

4.1.1　数字万用表具有自动转换并显示极性的功能，因此测量直流电压时可不必考虑表笔的接法。

4.1.2　如果误用直流电压挡测量交流电压，或误用交流电压挡测量直流电压，仪表将显示"000"或在低位上发生跳数现象。

4.2　测量电流。

4.2.1　由于数字万用表具有自动判断并显示被测电流的极性，因此测量直流电流时可不必考虑表笔的接法。

4.2.2　当仪表使用约 $20 \pm 10min$ 后，仪表便自动断电进入休眠状态。若要重新启动电源，需再按两下"POWER"键，就可重新接通电源。

4.3　测量电阻。

4.3.1　当测量电阻超过1MΩ以上时，读数需几秒时间才能稳定，这在测量高电阻时是正常的，应等显示值稳定后再读数。

4.3.2　如果长时间不用，应取出电池，防止电池漏液腐蚀仪表。

5　安全注意事项

5.1　测量电压。

5.1.1　如仪表显示"OL"，表明已超过量程范围，需将量程开关转至高一档。

5.1.2　输入插孔旁边都标有危险标记的数字，旋转转换开关时，表笔应离开测试点。

5.1.3　当测量高电压时，注意避免人体触及高压电路。

5.1.4　注意防水、防尘、防摔。

5.1.5　不宜在高温高湿、易燃易爆和强磁场的环境下存放、使用仪表。

5.2　测量电流。

5.2.1　如仪表显示"OL"，表明已超过量程范围，需将量程开关转至高一档。

5.2.2　测量电流时注意选好量程。旋转转换开关时，表笔应离开测试点。

5.2.3　当使用"20A"插孔测量时，由于该插孔一般都不加保护装置，因此测量时间不得超过10s。

5.2.4　禁止在测量0.5A以上的大电流时转动转换开关，以免产生电弧。

5.2.5　注意防水、防尘、防摔。

5.2.6　不宜在高温高湿、易燃易爆和强磁场的环境下存放、使用仪表。

5.3　测量电阻。

5.3.1　如仪表显示"OL"，表明已超过量程范围。

5.3.2　测量在线电阻时，应确认被测电路中所有电源已切断及所有电容已完全放电时方可进行。

5.3.3　严禁用电阻挡测量电压。

5.3.4　注意防水、防尘、防摔。

5.3.5　不宜在高温高湿、易燃易爆和强磁场的环境下存放、使用仪表。

项目三　阴极保护测试桩检查与维护

1　项目简介

阴极保护测试桩主要被用于保护电位的测试。可用于储罐、管道、码头设施等金属构筑物的阴极保护系统保护效果测试，也可以用于牺牲阳极电流的测试、绝缘接头的测试等。检查接线柱与大地绝缘情况，防止测试桩的破坏丢失，是日常检查维护的重要内容。

2　操作前准备

2.1　劳保穿戴整齐。

穿戴标准配置的劳保用品：安全帽帽壳、帽箍、顶带完好，后箍、下颌带调整松紧合适、固定可靠，女同志头发盘于帽内；工衣袖口、领口扣子扎紧；工鞋大小合适，鞋带绑扎松紧合适不落地。

2.2　工具、用具准备。

导线、砂布、黄油、红色调和漆、活动扳手、硫酸铜参比电极、万用表、常用喷涂工具等。

2.3 操作前的检查和确认。

检查确认管线沿途安装的测试桩是否齐全，每 500～1000m 应安装一个。

3 操作步骤

3.1 检查测试桩。

3.1.1 用活动扳手拧松其盖子上的固紧螺丝，取下测试桩盖子，检查测试桩与盖子是否因接触而引起绝缘不良，若有，及时整改。

3.1.2 用手握住测试桩轻轻摇动，检查测试桩是否有松动现象，绝缘层是否良好。

3.1.3 用万用表和硫酸铜参比电极测试电位，通过测试结果分析测试桩芯线与管道接触是否良好，有无断线故障。

3.2 维护保养。

3.2.1 用砂布擦拭测试桩、保护钢管和测试桩盖子上的锈蚀斑迹，直到表面光亮。将擦拭光亮的保护钢管和测试盖子上均匀刷上红色调和漆。

3.2.2 在保护钢管套上按要求喷上该测试桩的编号。

3.2.3 在盖子的固紧丝上加黄油，盖上盖子，用活动扳手拧紧固紧螺丝，作好检查维修记录。

4 操作要点

4.1 测试桩与盖子有接触引起绝缘不良应及时整改。

4.2 用手缓慢摇动测试桩。

4.3 正确使用万用表测试电位。

4.4 操作应缓慢、平稳。

5 安全注意事项

5.1 操作时严格执行操作规程。

5.2 操作中发现问题应及时查明原因、及时处理。

项目四　绝缘法兰性能检测

1 项目简介

绝缘法兰是用作管线阴极保护的重要工具，其良好的绝缘性能以及密封性能可有效地阻止管线阴极电流流失，保证管线内输送物料不流失。

为防止绝缘法兰的绝缘性能变差，对绝缘法兰的绝缘性能进行检测，能及时制定预防绝缘法兰失效的对策。

2 操作前准备

2.1 劳保穿戴整齐。

穿戴标准配置的劳保用品：安全帽帽壳、帽箍、顶带完好，后箍、下颌带调整松紧合适、固定可靠，女同志头发盘于帽内；工衣袖口、领口扣子扎紧；工鞋大小合适，鞋带绑扎松紧合适不落地。

2.2 工具、用具准备。

参比电极饱和 $Cu-CuSO_4$、水壶(已装水)、普通电工工具 1 套、锉刀、皮老虎或电吹风、毛刷、万用表或数字表，1组在使用中的绝缘法兰。

2.3　操作前的检查和确认。

检查确认现场符合操作要求。

3　操作步骤

3.1　清洁法兰外部。仔细清除影响法兰绝缘性能的污物杂质，有水气、潮气用皮老虎吹干。

3.2　测量法兰内外侧电压降。法兰内外侧各选一处去除漆层并除锈见光，用万用表或数字万用表直流电压档，测量内外侧电压降。

3.3　测量法兰内外侧对地电位。在法兰内外侧已做的测点处，测量对地电位，内侧应为自然电位，外侧应为保护电位，若对内侧电位怀疑又无原始资料参考时暂停阴极保护测量比较。

3.4　记录和填报数据判定测试结论。法兰内外电压降明显，外侧为保护电位，内侧为自然电位，质量良好；内外电压降明显，内侧电位负偏移有漏电可以使用；内外电压降不明显，电位接近，漏电严重，应作处理。

4　操作要点

4.1　测量时应接触良好。

4.2　正确操作严禁损伤绝缘。

4.3　万用表极性禁止接错。

5　安全注意事项

5.1　操作时严格按照操作规程操作。

5.2　严格做好个人防护。

项目五　测量管道保护电位

1　项目简介

管道保护电位是管道在施加阴极保护情况下的对地电位。如果管道的保护电位过低，极易导致防腐涂层与管道的脱离。这就是常说的阴极脱离。这种情况不仅会造成管道防腐层的失效，而且还会导致大量的电能不断消耗，碱性环境会加速防腐层的老化。

判断一段管道是不是处于过保护状态，要根据管道的断电电位判断。根据阴极保护的施工规范，管道的断点电位应该控制在 $-0.85 \sim -1.20\text{V}$ CSE。

2　操作前准备

2.1　劳保穿戴整齐。

穿戴标准配置的劳保用品：安全帽帽壳、帽箍、顶带完好，后箍、下颌带调整松紧合适、固定可靠，女同志头发盘于帽内；工衣袖口、领口扣子扎紧；工鞋大小合适，鞋带绑扎松紧合适不落地。

2.2　工具、用具准备。

万用表、活动扳手、电工普通工具一套、锉刀、参比电极一个、饱和硫酸铜溶液一瓶、棉纱等。

2.3　操作前的检查和确认

检查确认现场符合操作要求。

3 操作步骤

3.1 测试端子准备。测试端子除污、除锈。

3.2 万用表准备。万用表(指针式)调整好零位,正确放置。

3.3 参比电极放置。放置于距离管道上方 0.5~1.5m 的地面上,挖一小坑,直立放稳,一般应加水湿润。

3.4 接线测试。万用表正极接参比电极,负极接管道测试桩,量程旋钮置于 0~2.5V 或 0~2V 直流电压挡位。

3.5 读数。待万用表指示稳定后,按读数要领读出电压值。

4 操作要点

4.1 万用表正极接参比电极,负极接管道测试桩,严禁接反极性。

4.2 使用指针式万用表,测量电压前万用表应校验零位,即指针指示零的位置。

4.3 参比电极渗透膜应与大地接触良好,一般应浇水湿润,表笔与测试线应接触良好。

4.4 操作应缓慢、平稳。

5 安全注意事项

5.1 操作时应严格按照操作规程操作。

5.2 操作中发现问题及时查明原因、及时处理。

模块十三　电驱动往复式压缩机组操作

项目一　RDSD706—2 型压缩机组日常操作

1　项目简介

RDSD706—2 压缩机主机采用三机厂制造的压缩机主机，驱动机选用国产高压正压通风型防爆电动机。

压缩机组为分体式结构，主要由压缩机、电动机、联轴器、主底座、空冷器、工艺气系统、润滑油系统、冷却系统、PLC 控制系统等组成。

往复式压缩机由驱动机带动曲轴旋转，通过连杆将曲轴的旋转运动转变为十字头在机体滑道内的往复直线运动，十字头又通过活塞杆使活塞在气缸内作往复直线运动，实现气体的膨胀、吸气、压缩、排气四个循环过程，从而达到气体的连续压缩。

本项目中 RDSD 表示主机系列，7 表示行程 7 英寸，06 表示 6 列气缸，2 表示 2 级压缩。

2　操作前准备

2.1　劳保穿戴整齐。

穿戴标准配置的劳保用品：安全帽帽壳、帽箍、顶带完好，后箍、下颌带调整松紧合适、固定可靠，女同志头发盘于帽内；工衣袖口、领口扣子扎紧；工鞋大小合适，鞋带绑扎松紧合适不落地。

2.2　工具、用具准备。

可燃气体检测仪、防爆对讲机、耳塞、验漏壶、毛巾、平口螺丝刀等，并保证对讲机和检测仪处于良好状态。

2.3　启机前的检查和确认。

2.3.1　检查确认各工艺阀门处于正常位置，确认站内外与机组相关流程导通。

2.3.2　检查确认仪表盘各仪表及现场仪表完好，仪表风及氮气压力在 0.6～0.8MPa，确认控制参数设定值无误。

2.3.3　检查确认主电机视窗油位、压缩机机身油位、注油器油位及膨胀水箱液位在 2/3 以上。

2.3.4　检查确认空冷器状态良好。

2.3.5　确认导通主电机仪表风来气，并对主电机进行吹扫，当吹扫计时变红后吹扫完成（约 30min），并保持正压通风。

2.3.6　对 PLC 机柜进行吹扫。确认打开仪表风来气开关，打开 PLC 控制柜电源开关，打开 PLC 机柜电源开关。按下 PLC 机柜启动按钮，吹扫完成（约 30min），并保持正压通风。

2.3.7　若长时间停机或第一次启动，应进入 PLC 触摸屏界面，手动进行预润滑操作，同时观察预润滑油泵运转情况，预润滑 2～5min。完成手动预润滑后，恢复至自动启动状态。

2.3.8 检查 PLC 控制面板，排除面板显示的故障，紧急停车按钮处于复位状态。

2.3.9 确认机组无超压(如超压应进行放空，机组压力应小于 0.45MPa)。

2.3.10 手动盘车 1~2 圈后再电动盘车 2~3 圈，确认机组无卡阻现象(盘车完成后齿轮应放下)。

2.3.11 手动对注油器进行泵油，观察窗出油后再泵油 10 次，注意泵油速度不可过快，以免造成爆破片破损卸压。

2.3.12 确认加/卸载旋钮处于卸载位置，在线/离线旋钮处于机旁位置。

2.3.13 当环境温度较低，机身润滑油温度低于 25℃ 时，应首先对润滑油进行加热。打开辅助部件测试界面将预润滑油泵打开，待润滑油温度升至 25℃ 以上时，方可启动机组。

2.3.14 检查冷却水泵无余气(开冷却水泵上排气阀，确认无余气后关闭)。

2.3.15 确认接到调控中心启机通知，与供电服务中心供电联系，确认高压电通电操作完成。

3 操作步骤

3.1 压缩机启动操作。

3.1.1 先按下控制柜上的"复位"按钮，再按下控制柜上的"启动"按钮。

3.1.2 压缩机将按自动程序设定启动。

3.1.3 高压电容充电约 3min，当充电完成后主电机启动，进气旁通阀打开、二级排气阀打开、回流调节阀与回流主阀处于全开位，机组处于空载状态。

3.1.4 待压缩机组进口阀升压至 3MPa 时，进口阀逐渐打开直至全开，进口旁通阀逐渐关闭，暖机(曲轴箱机油油温 28℃)过后，PLC 控制柜屏幕上显示"允许加载"字样，旋转加载/卸载旋钮至加载方向，这时回流阀关闭，回流调节阀逐渐关闭直至全关，完成加载。

3.2 压缩机正常停机操作。

3.2.1 停机前与调控中心、变电站联系，汇报停机时间、原因。

3.2.2 旋转"加载/卸载"旋钮至卸载方向，回流调节阀、回流阀自动打开，压缩机卸载后运行 3~5min，待压缩机组压力与进气管网压力持平后(机组与管网压差不超过 1MPa)按下停机按钮。

3.2.3 按下停机按钮后，机组首先进入后润滑约 2~5min，随后进气阀、排气阀自动关闭。

3.2.4 打开机组放空阀，放空后关闭。

3.3 压缩机紧急停机操作。

按下控制柜上或中控室内紧急停车按钮，压缩机会立即停机。同时控制面板会保持紧急停机状态，直至此状态被复位。

3.4 压缩机紧急停机恢复操作。

确认所有故障处理完毕，拔出紧急停车按钮，按下现场控制柜就地复位按钮，压缩机紧急停机状态将被清除，同时压缩机进入"准备启动"状态。

3.5 压缩机排污操作。

3.5.1 自动排污。

检查排污罐进口压缩机排污处节流阀处于开启状态，压缩机组排污总阀处于开启状态，仪表风压力应在 $0.6 \sim 0.8$ MPa。

3.5.2　手动排污。

(1)检查排污罐(采出水罐)进口压缩机排污处节流阀处于开启状态，压缩机组排污总阀处于开启状态。

(2)当发现洗涤罐液位超高(大于 2/3)时，全开排污球阀，缓慢打开洗涤罐排污节流截止阀，观察液位下降速度。

(3)当液位降至 $1 \sim 2$ 格时立即关闭排污节流截止阀。

(4)当集液罐中体排污液位达到集液罐液位计的 2/3 时，手动打开排污阀进行排污。

4　操作要点

4.1　阴雨天启动或长时间停机再次启动前，应检查主电机绝缘情况。

4.2　压缩机自动程序启动时，空冷器风扇 1#、2#、3#启动，压缩机进口旁通阀打开进气 0.2 MPa 左右后关闭。若机组内压力达到 $0.2 \sim 0.45$ MPa 则不动作，若大于 0.45 MPa 需放空至 $0.2 \sim 0.45$ MPa。辅助油泵启动，水循环泵启动。

4.3　机组稳定运行后，按照压缩机运行中巡回检查规程对机组进行检查。

4.4　压缩机正常停机机组放空时，应先进入机组 PLC 主画面，点开部件测试，点开放空阀界面，将放空阀旋钮点至开位。

5　安全注意事项

5.1　一旦确认压缩机已运行，操作人员应检查所有压力和温度参数，尤其是机油压力和工艺气压力，以确认压缩机运行正常且所有停机设定的设置恰当。

5.2　当出现紧急情况，如机械故障、电气故障或火灾等，方可执行紧急停机。

6　突发事件应急处置

6.1　现场出现火灾爆炸时，应立即停止作业，妥善处理现场。

6.2　如事件不可控制时，应立即启动站场《应急处置预案》进行处理。

项目二　6HS－E 型压缩机组日常操作

1　项目简介

该压缩机采用的是对称平衡型往复活塞式压缩机，气缸配置余隙容积调节装置，满足压缩机排量调节要求；机组内安全阀选用先导式，满足进气压力、温度、组分等多工况发生变化时的安全运行。

压缩机组为分体式结构，主要由压缩机、电动机、联轴器、主底座、空冷器、工艺气系统、润滑油系统、冷却系统，PLC 控制系统等组成。

6HS－E 压缩机主机采用沈阳远大制造的压缩机主机，电动机选用正压通风型防爆电动机。

2　操作前准备

2.1　劳保穿戴整齐。

穿戴标准配置的劳保用品：安全帽帽壳、帽箍、顶带完好，后箍、下颌带调整松紧合适、固定可靠，女同志头发盘于帽内；工衣袖口、领口扣子扎紧；工鞋大小合适，鞋带绑扎松紧合适不落地。

2.2 工具、用具准备。

可燃气体检测仪、防爆对讲机、耳塞、验漏壶、毛巾、平口螺丝刀等，并保证对讲机和检测仪处于良好状态。

2.3 启机前的检查和确认。

2.3.1 检查确认各工艺阀门处于正常位置，确认站内外与机组相关流程导通。

2.3.2 检查确认仪表盘各仪表及现场仪表完好，仪表风压力在 0.6～0.8MPa，氮气压力 >0.2MPa，确认控制参数设定值无误。

2.3.3 检查确认主电机视窗油位、压缩机机身油位、注油器油位及膨胀水箱液位在 1/2～2/3。

2.3.4 检查确认空冷器状态良好。

2.3.5 确认导通主电机仪表风来气，对主电机进行吹扫，当吹扫计时变红后吹扫完成（约 30min），并保持正压通风。

2.3.6 对 PLC 机柜进行吹扫。

（1）打开仪表风来气开关；

（2）打开 PLC 控制柜电源开关；

（3）打开 PLC 机柜电源开关；

（4）按下 PLC 机柜启动按钮，吹扫完成后（约 10min），保持正压通风。

2.3.7 若长时间停机或第一次启动，应通过低压柜将辅助油泵电机控制按钮自动切换为手动，手动启动辅助油泵电机进行预润滑操作，同时观察预润滑油泵运转情况，预润滑 2～5min。完成手动预润滑后，恢复至自动启动状态。

2.3.8 检查 PLC 控制面板，排除面板显示的故障，紧急停车按钮处于复位状态。

2.3.9 检查确认机组无超压。如超压应进行放空，机组压力应小于 0.6MPa。

2.3.10 手动盘车 1～2 圈后再电动盘车 2～3 圈，确认机组无卡阻现象（盘车完成后，脱开盘车齿轮）。

2.3.11 通过低压柜，将注油器电机控制按钮自动切换为手动，手动启动注油器电机对注油器进行泵油，观察窗出油后再泵油 30s。

2.3.12 加/卸载旋钮处于卸载位置；在线/离线旋钮处于在线位置。

2.3.13 当环境温度较低，机身润滑油温度低于 10℃时，应先对润滑油进行加热。通过低压配电柜将辅助油泵电机控制按钮自动切换为手动，手动启动辅助油泵电机进行预润滑操作。待润滑油温度升至 10℃以上时，方可启动机组。

2.3.14 检查确认冷却水泵无余气（开冷却水管线上高点放气阀，确认无余气后关闭）。

2.3.15 确认接到调控中心启机通知，与供电服务中心供电联系，确认高压电通电操作完成。

3 操作步骤

3.1 压缩机启机操作。

3.1.1 通过 PLC 阀门控制界面，手动调节压缩机进气旁通阀开度，待机组进气压力达到 0.5MPa 时再关闭进气旁通阀（若机组内压力 >0.6MPa 则需手动放空）。

3.1.2 再次确认盘车装置已脱开，进气阀、排气阀、放空阀等开关状态正常后，按下控制柜上的"复位"按钮，再按下控制柜上"启动"按钮。

3.1.3 压缩机将自动按程序启动。

(1)1#、2#、3#空冷器风扇，辅助油泵，水循环泵，注油器电机，电机油站油泵，电机油站空冷电机依次启动。

(2)机组进入预润滑阶段(约3min)，预润滑完成后主电机启动，进气旁通阀打开、二级排气阀打开、回流调节阀与回流主阀处于全开位，机组处于空载状态。

(3)待压缩机组进口阀升压至5.5MPa时(最终压力值根据现场实际管网压力调整，比管网压力低0.5~1MPa)，进口阀逐渐打开直至全开，手动关闭进口旁通阀，暖机过后PLC控制柜屏幕上显示"允许加载"字样时，可进行加载。

3.1.4 旋转"加载/卸载"旋钮至加载方向，回流阀关闭，回流调节阀逐步关闭至全关，完成加载。

3.2 压缩机正常停机操作。

3.2.1 停机前与调控中心、变电站联系，汇报停机时间、原因。

3.2.2 旋转"加载/卸载"旋钮至卸载方向(回流调节阀、回流阀自动打开)，使压缩机卸载后运行3~5min，待压缩机组压力与进气管网压力持平后(机组与管网压差不超过1MPa)再按下停机按钮。

3.2.3 按下停机按钮后，机组先进行后润滑约2~5min，同时机组放空阀打开。待机组内压力低于8MPa时进气阀、排气阀自动关闭。

3.2.4 待机组内压力泄压至0后，手动关闭放空阀。

3.3 压缩机紧急停机操作。

按下控制柜上或中控室内紧急停车按钮，压缩机会立即停机。同时控制面板会保持紧急停机状态，直至此状态被复位。

3.4 压缩机紧急停机恢复操作。

确认所有故障处理完毕，拔出紧急停车按钮，按下现场控制柜就地复位按钮，压缩机紧急停机状态将被清除，同时压缩机进入"准备启动"状态。

3.5 压缩机排污操作。

3.5.1 自动排污。

(1)检查确认各级分离器排污管线自动排污阀处于投用状态，压缩机组排污总阀处于开启状态。

(2)各级气动排污阀仪表风压力应根据排污阀要求设定，入口分离器排污阀仪表风压力在0.2~0.5MPa，一级分离器和二级分离器排污阀仪表风压力在0.2~0.3MPa。

3.5.2 手动排污。

(1)检查排污罐进口压缩机排污节流阀处于开启状态，压缩机组排污总阀处于开启状态。

(2)当发现洗涤罐液位超高(大于2/3)时，全开排污球阀，缓慢打开洗涤罐排污节流截止阀，观察液位下降速度。

(3)当液位降至1~2格时立即关闭排污节流截止阀。

(4)当集液罐(中体排污)液位达到集液罐液位计的2/3时，手动开启排污阀进行排污。

4 操作要点

4.1 阴雨天启动或长时间停机再次启动前，应检查主电机绝缘情况。

4.2 机组稳定运行后，按照压缩机运行中巡回检查规程对机组进行检查。

4.3 压缩机正常停机机组放空时，应先进入机组 PLC 主页面，点开部件测试，点开放空阀界面，将放空阀旋钮点至开位。

5 安全注意事项

5.1 一旦确认压缩机已运行，操作人员应检查所有压力和温度参数，尤其是机油压力和工艺气压力，以确认压缩机运行正常且所有停机设定的设置恰当。

5.2 当出现紧急情况，如机械故障、电气故障或火灾等，方可执行紧急停机。

6 突发事件应急处置

6.1 现场出现火灾爆炸时，应立即停止作业，妥善处理现场。

6.2 如事件不可控制时，应立即启动站场《应急处置预案》进行处理。

项目三　WG76 型压缩机组日常操作

1 项目简介

该压缩机采用对称平衡型往复活塞式压缩机，气缸配置余隙容积调节装置，满足压缩机排量调节要求；机组内安全阀选用先导式，满足进气压力、温度、组分等多工况发生变化时的安全运行。

压缩机组为分体式结构，主要由压缩机、电动机、联轴器、主底座、空冷器、工艺气系统、润滑油系统、冷却系统、PLC 控制系统等组成。

WG76 压缩机主机采用 GE 公司制造的压缩机主机，电动机选用进口高压、正压通风型防爆电机，机组冷却方式为空冷，空冷器由单独的隔爆电机驱动。

2 操作前准备

2.1 劳保穿戴整齐。

穿戴标准配置的劳保用品：安全帽帽壳、帽箍、顶带完好，后箍、下颌带调整松紧合适、固定可靠，女同志头发盘于帽内；工衣袖口、领口扣子扎紧；工鞋大小合适，鞋带绑扎松紧合适不落地。

2.2 工具、用具准备。

可燃气体检测仪、防爆对讲机、耳塞、验漏壶、毛巾、平口螺丝刀等，并保证对讲机和检测仪处于良好状态。

2.3 启机前的检查和确认。

2.3.1 检查确认各工艺阀门处于正常位置，确认站内外与机组相关流程导通。

2.3.2 检查确认仪表盘各仪表及现场仪表完好，仪表风压力应在 0.6 ~ 0.8MPa，氮气压力应大于 0.2MPa，确认控制参数设定值无误。

2.3.3 检查确认主电机视窗油位、压缩机机身油位、注油器油位及膨胀水箱液位在 1/2 ~ 2/3。

2.3.4 检查确认空冷器状态完好。

2.3.5 手动打开主电机出扫阀，导通主电机仪表风来气，对主电机进行吹扫。大气量吹扫 5min 后转为小气量正压通风，保持壳体微正压。

2.3.6　对 PLC 机柜进行吹扫。

（1）打开仪表风来气开关。

（2）打开 PLC 控制柜电源开关。

（3）打开 PLC 机柜电源开关。

2.3.7　若长时间停机或第一次启动，应进入 PLC 触摸屏界面，手动进行预润滑操作，同时观察预润滑油泵运转情况，预润滑 2~5min。完成手动预润滑后，恢复至自动启动状态。

2.3.8　检查 PLC 控制面板，排除面板显示的故障，紧急停车按钮处于复位状态。

2.3.9　手动盘车 1~2 圈，确认机组无卡阻现象。

2.3.10　手动对注油器进行泵油，观察无油流显示过油后再继续泵油 3~5 个循环，注意泵油速度不可过快，以免造成爆破片破损卸压。

2.3.11　当环境温度较低，机身润滑油温度低于 26℃时，应对润滑油进行加热。打开辅助部件测试界面将预润滑油泵打开，待润滑油温度升至 26℃以上时，方可启动机组。

2.3.12　检查确认冷却水泵是否存有余气（开冷却水管线上高点放气阀，确认无余气后关闭）。

2.3.13　检查确认低压配电柜各控制开关状态正常（从机组 PLC 控制柜触摸屏上检查 1#、2#空冷器风机、电机冷却风机、冷却水泵、盘根水泵、压缩机润滑油泵及加热器的控制在"自动"位置）。

2.3.14　从机组 PLC 柜触摸屏上检查确认机组控制在"就地程序控制"状态。

2.3.15　确认接到调控中心启机通知，与供电服务中心供电联系，确认高压电通电操作完成。

3　操作步骤

3.1　压缩机启机操作。

3.1.1　按下控制柜上的"复位"按钮，然后再按下控制柜上"启动"按钮。

3.1.2　压缩机将自动按程序启动。

（1）工艺气管路吹扫。首先进口旁通阀打开，回流加载阀、加载调节阀关闭，放空阀处于开启状态，进行主线路吹扫；随后回流加载阀与加载调节阀打开进行回路管线吹扫。

（2）吹扫完成后进口旁通阀、放空阀关闭（如机组内压力 >1.8MPa，放空阀仍处于开启状态直至机组内压力 <1.8MPa 时关闭）。机组自动启动辅助油泵进行前置预润滑（约 1min）。同时冷却水泵、空冷器风机、主电机冷却风机启动。

（3）前置预润滑结束后，主电机启动进入空载阶段（约 3~5min）。机组出口阀门打开、吹扫阀打开，直至机组内压力达到 5.5MPa 时吹扫阀关闭，进气主阀全开。

（4）待机组暖机完成后，PLC 控制柜屏幕上显示"加载"字样时，可进行加载。

3.1.3　按下"加载"按钮后回流加载主阀关闭，切换到加载阀控制界面，在回流加载调节阀处选择"手动模式"缓慢关闭回流加载调节阀（10%/每次）直至全关，完成加载。

3.2　压缩机正常停机操作。

3.2.1　停机前与调控中心、变电站联系，汇报停机时间、原因。

3.2.2　进入加载阀控制界面，在回流加载调节阀处选择"手动模式"缓慢打开回流加载调节阀（10%/每次）直至全开。使压缩机卸载后运行 3~5min，待压缩机组压力与进气管网压力持平后(机组与管网压差不超过 1MPa)再按下停机按钮。

3.2.3 旋转"加载/卸载"旋钮至卸载方向(回流调节阀、回流阀自动打开)。

3.2.4 按下停机按钮后,回流加载主阀打开,进气阀、排气阀自动关闭,放空阀打开。同时辅助油泵启动机组进入后润滑 2～5min。

3.2.5 机组压力泄压至 0 后,关闭放空阀。

3.3 压缩机紧急停机操作。

按下控制柜上或中控室内紧急停车按钮,压缩机会立即停机。同时控制面板会保持紧急停机状态,直至此状态被复位。

3.4 压缩机紧急停机恢复操作。

确认所有故障处理完毕,拔出紧急停车按钮,按下现场控制柜就地复位按钮,压缩机紧急停机状态将被清除,同时压缩机进入"准备启动"状态。

3.5 压缩机排污操作。

3.5.1 自动排污。

检查各级分离器排污管线自动排污阀处于开启状态,压缩机组排污总阀处于开启状态,仪表风压力在 0.6～0.8MPa。

3.5.2 手动排污。

(1)检查排污罐进口压缩机排污节流阀处于开启状态,压缩机组排污总阀处于开启状态。

(2)当发现洗涤罐液位超高(大于 2/3)时,全开排污球阀,缓慢打开洗涤罐排污节流截止阀,观察液位下降速度。

(3)液位降至 1～2 格时,立即关闭排污节流截止阀。

(4)当集液罐(中体排污)液位达到集液罐液位计的 2/3 时,手动开启排污阀进行排污。

4 操作要点

4.1 阴雨天启动或长时间停机再次启动前,应检查主电机绝缘情况。

4.2 机组稳定运行后,按照压缩机运行中巡回检查规程对机组进行检查。

5 安全注意事项

5.1 一旦确认压缩机已运行,操作人员应检查所有压力和温度参数,尤其是机油压力和工艺气压力,以确认压缩机运行正常且所有停机设定的设置恰当。

5.2 当出现紧急情况,如机械故障、电气故障或火灾等,方可执行紧急停机。

6 突发事件应急处置

6.1 现场出现火灾爆炸时,应立即停止作业,妥善处理现场。

6.2 如事件不可控制时,应立即启动站场《应急处置预案》进行处理。

模块十四　甲醇加注撬系统操作与维护

项目一　甲醇加注撬启泵操作

1　项目简介

甲醇加注撬核心是活塞式计量泵，由活塞式计量泵的往复运动，实现甲醇的加注。活塞式计量泵主要由电机和活塞泵两部分组成。电机经过联轴器带动活塞泵做往复运动，当活塞向后死点移动时，泵容积腔逐步形成容积真空，在大气作用下，将吸入阀打开，液体被吸入；当活塞向前死点移动时，此时吸入阀关闭，排出阀打开，液体被排出泵外，使泵达到吸排的目的，进而实现甲醇的加注。

该加醇装置主要由底座、活塞式计量泵、防爆接线箱、安全阀、压力表、观察孔、储液罐、液位计组成，此外还有用于向储液罐添加醇品的一个防爆抽液泵。

2　操作前准备

2.1　劳保穿戴整齐。

穿戴标准配置的劳保用品：安全帽帽壳、帽箍、顶带完好，后箍、下颌带调整松紧合适、固定可靠，女同志头发盘于帽内；工衣袖口、领口扣子扎紧；工鞋大小合适，鞋带绑扎松紧合适不落地。

2.2　工具、用具准备。

防爆F扳手、防爆对讲机、橡胶手套、毛巾、防毒面具、防护眼镜等，并保证对讲机处于良好状态。

2.3　操作前的检查和确认。

2.3.1　检查确认所有装配螺栓牢靠，管束安装正确，出液管阀门打开，放油螺栓拧紧。

2.3.2　检查确认机箱、连接体油位为视窗2/3处。如不足，机箱加注厂家规定标号的齿轮油，连接体加注厂家规定标号的液压油或变压器油。

2.3.3　检查确认电机和电气接线正确，计量泵正常送电。

2.3.4　检查甲醇储罐液位计处于投用状态，液位计液位在2/3以上。

2.3.5　检查确认安全阀、脉动阻尼器、计量泵进出口压力表、甲醇储罐温度计、计量泵出口温度计投用。

3　操作步骤

3.1　导通甲醇储罐去计量泵流程，投用流量校准柱。

3.2　打开计量泵连接体出口止回阀后阀门。

3.3　拧松调量座上的锁紧螺钉，将调量手轮调至零行程，启动计量泵，辨别泵是否有噪声，如没有异常现象再缓慢将行程调至25%，然后排出管道内空气。

3.4　缓慢调节调量手轮，出口压力保持所需压力（大于井口采气压力），使流量达到所需要求后，拧紧锁紧螺钉。

4　操作要点

4.1　甲醇加注泵操作前务必检查确认流程畅通。

4.2 甲醇加注泵启停操作后记录启停时间和甲醇储罐液位，记录在井场报表备注处。

5 安全注意事项

5.1 操作时应佩戴过滤式防毒面具，戴化学安全防护眼镜，穿防静电工作服，戴橡胶手套，做好安全防护，严防人身伤害。

5.2 操作阀门时应侧身操作。

5.3 发现设备、管道的连接处有泄漏应及时汇报处理，做好安全防护，严防人身伤害。

5.4 如发生接触，脱掉受到污染的衣服。在淋浴下，用肥皂和水清洗受影响的部位至少 15min。如果过敏发生或持续不断，寻求医治。衣服洗后再穿。

5.5 如发生吸入，移至有新鲜空气的场地，如有必要，恢复或协助呼吸，寻求医治。

5.6 吞咽甲醇有潜在的生命危险。咽下之后，禁止用人工方法引导呕吐，应立即送往医院。

6 突发事件应急处置

6.1 现场出现火灾爆炸时，应立即停止作业，妥善处理现场。

6.2 如事件不可控制时，应立即启动站场《应急处置预案》进行处理。

项目二　甲醇储罐卸车操作

1 项目简介

甲醇是无色澄清液体，有刺激性气味，具有易燃、易爆、有毒的特性。

1.1 易燃性。

甲醇的闪点为 12.2℃，属于中闪点易燃液体，根据《石油天然气工程设计防火规范》（GB 50183—2004），其火灾危险性属于甲 B 类，在较小的点火能下就可能被点燃。

1.2 易爆性。

甲醇的爆炸下限为 5.5%（V），爆炸上限为 44%（V），其爆炸下限低、爆炸范围极宽。若泄漏到空气中，其蒸汽极易与空气混合形成爆炸性混合气体，遇高热和明火易引起燃烧爆炸。

1.3 扩散性。

甲醇相对密度 1.11，比空气重，一旦泄漏其蒸汽易在地表、地沟、下水道及凹坑等低洼处滞留，且贴地面流动，遇火源而引起火灾爆炸。

1.4 毒性。

甲醇属中等毒类，高浓度的甲醇蒸汽被人大量吸入体内，就会中毒，使人产生视网膜炎，失明，气管、支气管黏膜损害，大脑皮质细胞营养障碍等，人经口吸入 30～100mL，中枢神经系统严重损害，呼吸衰弱，死亡。

甲醇储罐卸车事关人身伤害、火灾爆炸等安全隐患，安全操作尤为重要。

2 操作前准备

2.1 劳保穿戴整齐。

穿戴标准配置的劳保用品：安全帽帽壳、帽箍、顶带完好，后箍、下颌带调整松紧合适、固定可靠，女同志头发盘于帽内；工衣袖口、领口扣子扎紧；工鞋大小合适，鞋带绑扎松紧合适不落地。

2.2 工具、用具准备。

防爆对讲机、橡胶手套、毛巾、防毒面具、防护眼镜、口罩等，并保证对讲机处于良好状态。

2.3　操作前的检查和确认。

2.3.1　检查确认现场无渗漏现象。

2.3.2　检查确认静电接地线已连接。

2.3.3　检查确认车辆安装阻火器。

2.3.4　检查确认操作人员、司机戴好防护用具。

2.3.5　检查确认现场安全距离内无带火或带静电的活动、作业。

3　操作步骤

3.1　车辆进入指定位置，连接卸车软管、静电接地线，检查合格后，准备卸车。

3.2　卸车前对卸车泵灌液排气，微开储罐根部球阀，无液体渗漏开大阀门卸车。

3.3　现场人员根据液位变化调节泵出口阀控制液位。

3.4　卸车完毕清理现场，作好记录。

4　操作要点

4.1　对接卸车软管前认真检查卸车软管是否完好、有无泄漏，确认无误后方可进行对接。

4.2　对接时所有管道阀门都必须处于关闭状态，对接软管时动作要缓慢进行，防止摩擦产生静电。

4.3　对接软管一定要牢靠、密闭，防止卸车过程中出现泄漏。

4.4　现场人员根据液位变化调节泵出口阀控制液位，防止因调节不及时造成事故和液位过高或过低。

5　安全注意事项

5.1　卸车作业人员须戴防护目镜，防止卸车时甲醇溅入眼睛，造成人身伤害。

5.2　卸车人员须戴橡胶手套，避免接触甲醇经皮肤中毒。

5.3　卸车作业须戴口罩，最大限度地降低吸入有毒气体。

5.4　卸车人员必须穿工作服，不允许穿其他衣服。

6　突发事件应急处置

6.1　现场出现火灾爆炸时，应立即停止作业，妥善处理现场。

6.2　如事件不可控制时，应立即启动站场《应急处置预案》进行处理。

项目三　日常检查维护与保养

1　项目简介

为有效加强设备管理，正确使用设备，延长设备的使用寿命，保证设备的完好率，对设备的检查维护保养尤为重要。

2　操作前准备

2.1　劳保穿戴整齐。

穿戴标准配置的劳保用品：安全帽帽壳、帽箍、顶带完好，后箍、下颌带调整松紧合适、固定可靠，女同志头发盘于帽内；工衣袖口、领口扣子扎紧；工鞋大小合适，鞋带绑扎松紧合适不落地。

2.2 工具、用具准备。

防爆对讲机、橡胶手套、毛巾、防毒面具、防护眼镜、口罩等，并保证对讲机处于良好状态。

2.3 操作前的检查和确认。

2.3.1 检查确认现场电源关闭。

2.3.2 检查确认泵出口处压力表为零。

3 保养周期项目

3.1 新启用泵，运行500h或一个月需要更换机箱体和连接体内的油，以后每运行5000h或半年更换一次。

3.2 隔膜8000h更换一次。

3.3 每5000h或半年更换单向阀球、阀座、垫片，每6个月检查一次泵进出口单向阀和隔膜，根据实际情况决定是否更换。

4 日常维护

4.1 检查各部件是否泄漏。

4.2 检查机箱体和连接体油位，温升、噪声、振动是否正常。

5 安全注意事项

5.1 操作时应佩戴过滤式防毒面具，戴化学安全防护眼镜，穿防静电工作服，戴橡胶手套，做好安全防护，严防人身伤害。

5.2 操作阀门时应侧身操作。

5.3 发现设备、管道的连接处有泄漏应及时汇报处理，做好安全防护，严防人身伤害。

5.4 如发生接触，脱掉受到污染的衣服。在淋浴下，用肥皂和水清洗受影响的部位至少15min。如果过敏发生或持续不断，寻求医治。衣服洗后再穿。

5.5 如发生吸入，移至有新鲜空气的场地，如有必要，恢复或协助呼吸，寻求医治。

5.6 吞咽甲醇有潜在的生命危险。咽下之后，禁止用人工方法引导呕吐，应立即送往医院。

6 突发事件应急处置

6.1 现场出现火灾爆炸时，应立即停止作业，妥善处理现场。

6.2 如事件不可控制时，应立即启动站场《应急处置预案》进行处理。

模块十五　手动阀门操作

项目一　手动球阀操作

1　项目简介

球阀的工作原理主要是依靠密封球体绕阀体中心线作 90°旋转达到开启、关闭的目的。通过阀杆顺时针带动球体旋转，当球体孔与管道平行时，阀门开，反之垂直则关闭。球阀的关闭件是个球体，在管路中主要用作切断和改变介质的流动方向，由于在截流时容易对球体的边缘产生冲蚀和破坏，因此球阀只能全开或全关。

球阀主要由阀体、球体、阀杆（上阀杆）、阀座（下阀杆）、上腔体、下腔体、密封装置，传动装置构成。如图 3－24 所示。

图 3－24　球阀结构图

2　操作前准备

2.1　劳保穿戴整齐。

穿戴标准配置的劳保用品：安全帽帽壳、帽箍、顶带完好，后箍、下颌带调整松紧合适、固定可靠，女同志头发盘于帽内；工衣袖口、领口扣子扎紧；工鞋大小合适，鞋带绑扎松紧合适不落地。

2.2　工具、用具准备。

可燃气体检测仪、防爆对讲机、验漏壶、毛巾、防爆 F 扳手、注脂枪、密封脂、防爆手电（夜间携带），并保证对讲机和检测仪处于良好状态。

2.3　操作前的检查和确认。

2.3.1　检查确认阀门的开关状态。

2.3.2　开阀操作前，通过平衡阀或缓慢操作，将阀门前后压力控制在 0.5MPa 以下。

2.3.3　对于长时间（6 个月以上）没有动作和进行清洗、润滑操作的球阀，在操作球阀前应先注入少量清洗液密封脂，以保护阀门密封。

2.3.4　检查确认阀门各部件无渗漏，连接附件紧固。

3　操作步骤

3.1　开阀：逆时针方向连续转动手轮（或手柄），直到阀位指示显示"全开"为止。

3.2　关阀：顺时针方向连续转动手轮（或手柄），直到阀位指示显示"全关"为止。

3.3　确认阀门开关状态。

4　操作要点

4.1　球阀只允许在全开或全关状态下运行，禁止用于节流或在非全开关位运行。

4.2　手轮旋转到位后，回转 1/4 圈。

5　安全注意事项

5.1　操作阀门时，应注意检查阀门开关标志，缓开缓关。

5.2 同时操作多个阀门时，应注意操作顺序，并满足生产工艺要求。

5.3 开启有旁通阀门的较大口径阀门时，若两端压差较大，应先打开旁通阀调压，再开主阀。主阀打开后，应立即关闭旁通阀。

5.4 开关阀门时操作人员严禁正对阀门丝杆操作。

6 突发事件应急处置

6.1 现场出现火灾爆炸时，应立即停止作业，妥善处理现场。

6.2 如事件不可控制时，应立即启动站场《应急处置预案》进行处理。

项目二　Serck 旋塞阀操作

1 项目简介

旋塞阀主要用于截断和导通管道内天然气，可以作节流用。顺时针方向旋转塞子使沟槽与管道平行即为开启，逆时针方向旋转塞子90°使沟槽与管道垂直时即为关闭。

旋塞阀的结构主要由阀体、塞子、填料组成。

2 操作前准备

2.1 劳保穿戴整齐。

穿戴标准配置的劳保用品：安全帽帽壳、帽箍、顶带完好，后箍、下颌带调整松紧合适、固定可靠，女同志头发盘于帽内；工衣袖口、领口扣子扎紧；工鞋大小合适，鞋带绑扎松紧合适不落地。

2.2 工具、用具准备。

可燃气体检测仪、防爆对讲机、验漏壶、毛巾、防爆 F 扳手、注脂枪、密封脂、防爆手电(夜间携带)，并保证对讲机和检测仪处于良好状态。

2.3 操作前的检查和确认。

2.3.1 检查确认阀门的开关状态。

2.3.2 检查确认阀门各部件无渗漏，连接附件紧固。

3 操作步骤

3.1 开阀：逆时针方向缓慢并连续转动手轮直至阀位指示"全开"为止。

3.2 关阀：顺时针方向缓慢并连续转动手轮直至阀位指示"全关"为止。

3.3 确认阀门开关状态。

4 操作要点

4.1 根据声音或开度调节流量，全开到位后，回转1/4圈。

4.2 同时操作多个阀门时，应注意操作顺序，并满足生产工艺要求。

5 安全注意事项

5.1 操作阀门时，应注意检查阀门开关标志，缓开缓关。

5.2 开关阀门时操作人员严禁正对阀门丝杆操作。

6 故障分析判断与处理

旋塞阀故障分析判断与处理，见表3－13。

表3-13 故障分析与处理

常见故障	原因	处理方法
阀门无法动作	1. 旋塞和阀体之间抱死； 2. 阀门底部调整螺栓过紧； 3. 阀腔内部存在异物将阀门卡死； 4. 齿轮传动箱无法传动	1. 注密封脂润滑，并活动； 2. 适量松动螺栓； 3. 清除异物； 4. 打开齿轮箱，进行润滑和修复
阀门动作困难	1. 阀门旋塞和阀体之间摩擦大； 2. 阀门底部调整螺栓过紧； 3. 齿轮箱传动问题	1. 注入密封脂润滑，并活动； 2. 适量松动螺栓； 3. 打开齿轮箱，进行润滑和修复
阀门内漏	1. 阀门旋塞和阀体存在划痕； 2. 阀门底部螺栓过松； 3. 阀门没有完全关闭	1. 注入密封脂密封，或将旋塞翻转180°； 2. 适量拧紧螺栓； 3. 将阀门完全关闭

7 突发事件应急处置

7.1 现场出现火灾爆炸时，应立即停止作业，妥善处理现场。

7.2 如事件不可控制时，应立即启动站场《应急处置预案》进行处理。

项目三 阀套式排污阀操作

1 项目简介

阀套式排污阀主要通过阀芯的上下运行改变阀门开度。开阀时，阀芯缓慢开启，阀芯密封面与阀座密封面有一定空间距离时，气体和杂质一同经过节流轴、套垫窗口、阀套窗口节流后，由阀套排污窗口排出。嵌在阀芯内腔的软密封面利用进口介质流道方向与介质流道出口方向改变产生的涡流，实现自清扫，使软密封面不黏附杂质。关闭时嵌在阀芯内腔的聚四氟乙烯端面紧压在阀座端面形成一道软密封；阀芯硬密封副内腔锥面压在阀座凸台锥面上形成第二道硬质密封。硬软双质密封保证气体介质零泄漏。

阀套式排污阀的结构主要由阀体、阀盖、阀芯、阀套、阀杆、密封圈、阀座、阀杆螺母、填料、支架、手轮等组成。如图3-25所示。

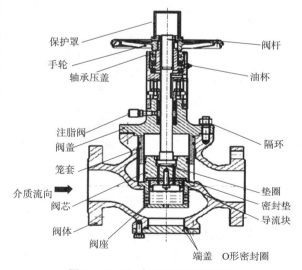

图3-25 阀套式排污阀结构图

2 操作前准备

2.1 劳保穿戴整齐。

穿戴标准配置的劳保用品：安全帽帽壳、帽箍、顶带完好，后箍、下颌带调整松紧合适、固定可靠，女同志头发盘于帽内；工衣袖口、领口扣子扎紧；工鞋大小合适，鞋带绑扎松紧合适不落地。

2.2 工具、用具准备。

可燃气体检测仪、防爆对讲机、验漏壶、毛巾、防爆 F 扳手、注脂枪、密封脂、防爆手电(夜间携带),并保证对讲机和检测仪处于良好状态。

2.3　操作前的检查和确认。

2.3.1　检查确认阀门的开关状态。

2.3.2　检查确认阀门各部件无渗漏,连接附件紧固。

3　操作步骤

3.1　开阀:逆时针转动手轮为开。

3.2　关阀:顺时针转动手轮为关。

3.3　确认阀门开关状态。

4　操作要点

4.1　排污时,应先全开球阀,后缓慢打开阀套式排污阀排污,并控制排污流量,保持稳定。

4.2　需要时,在排尽管道压力的情况下,可将阀体底部的端盖拆下,以便清除阀体腔内的赃物。

5　安全注意事项

5.1　操作阀门时,应注意检查阀门开关状态,缓开缓关。

5.2　开关阀门时操作人员严禁正对阀门丝杆操作。

6　故障分析判断与处理

阀套式排污阀故障分析判断与处理,见表 3 - 14。

表 3 - 14　故障分析与处理

常见故障	原因	处理方法
密封面渗漏	密封面间夹杂污垢、杂物; 密封面磨损或损坏	清洁密封面; 研磨或报废、更换
填料渗漏	填料压盖松动; 填料是否损坏或磨损	压紧填料压盖; 更换填料
法兰连接密封面渗漏	法兰螺栓未拧紧或松紧不匀; 连接密封面损坏; 密封元件"O"形密封圈损坏	将螺栓均匀拧紧; 重新修整连接密封面; 更换密封圈
手轮转动不灵活	填料压得过紧; 填料压盖倾斜; 阀杆与螺母间有污垢或严重磨损	适当放松填料压盖螺母; 均匀对称压紧; 消除污垢或更换螺母

7　突发事件应急处置

7.1　现场出现火灾爆炸时,应立即停止作业,妥善处理现场。

7.2　如事件不可控制时,应立即启动站场《应急处置预案》进行处理。

项目四　节流截止放空阀操作

1　项目简介

节流截止放空阀的阀芯截流方向与流道方向垂直,依靠阀芯的上下运动调节阀门开度,从而调节或截断介质的流动,因此具有一定的截流调节功能。同时启闭速度快,密封性能好，对阀芯的冲击较小。

节流截止放空阀结构主要由阀体、阀盖、阀芯、阀套、阀杆、密封圈、阀座、阀杆螺母、填料、支架、手轮等组成。如图 3-26 所示。

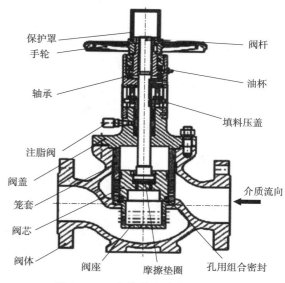

图 3-26　节流截止放空阀结构图

2　操作前准备

2.1　劳保穿戴整齐。

穿戴标准配置的劳保用品：安全帽帽壳、帽箍、顶带完好，后箍、下颌带调整松紧合适、固定可靠，女同志头发盘于帽内；工衣袖口、领口扣子扎紧；工鞋大小合适，鞋带绑扎松紧合适不落地。

2.2　工具、用具准备。

可燃气体检测仪、防爆对讲机、验漏壶、毛巾、防爆 F 扳手、注脂枪、密封脂、防爆手电（夜间携带），并保证对讲机和检测仪处于良好状态。

2.3　操作前的检查和确认。

2.3.1　检查确认阀门的开关状态。

2.3.2　检查阀门各部件连接紧固。

3　操作步骤

3.1　开阀：逆时针转动手轮为开。

3.2　关阀：顺时针转动手轮为关。

3.3　确认阀门状态。

4　操作要点

放空时应先全开球阀，后缓慢打开节流截止放空阀放空。

5　安全注意事项

5.1　操作阀门时，应注意检查阀门开关状态。

5.2　开关阀门时操作人员严禁正对阀门丝杆操作。

6　故障分析判断与处理

节流截止放空阀故障分析判断与处理，见表 3-15。

表 3-15　故障分析与处理

常见故障	原因	处理方法
密封面渗漏	密封面间夹杂污垢、杂物； 密封面磨损或损坏	清洁密封面； 研磨或报废、更换
填料渗漏	填料压盖松动； 填料是否损坏或磨损	压紧填料压盖； 更换填料

续表

常见故障	原因	处理方法
法兰连接密封面渗漏	法兰螺栓未拧紧或松紧不匀； 连接密封面损坏； 密封元件"O"形密封圈损坏	将螺栓均匀拧紧； 重新修整连接密封面； 更换密封圈
手轮转动不灵活	填料压得过紧； 填料压盖倾斜； 阀杆与螺母间有污垢或严重磨损	适当放松填料压盖螺母； 均匀对称压紧； 消除污垢或更换螺母

7 突发事件应急处置

7.1 现场出现火灾爆炸时，应立即停止作业，妥善处理现场。

7.2 如事件不可控制时，应立即启动站场《应急处置预案》进行处理。

项目五 清管阀操作

1 项目简介

清管阀是一种被广泛应用于石油、天然气管线的阀门，它的主要用途是通过对清管器的发射或接收，清理输送天然气、油品等介质的管线。装置通道无间隙，避免了异物存留。

该清管阀主要密封部位采用"O"形圈，密封可靠，便于维修；装置处于"开"或"关"状态，密封座将球体两端介质与阀体空腔隔开，阀体空腔内介质可由卸压球阀和排污堵头排放；球体通道比清管器直径略大，可保证清管器进入球体后介质流动不会终止等特点。

2 操作前准备

2.1 劳保穿戴整齐。

穿戴标准配置的劳保用品：安全帽帽壳、帽箍、顶带完好，后箍、下颌带调整松紧合适、固定可靠，女同志头发盘于帽内；工衣袖口、领口扣子扎紧；工鞋大小合适，鞋带绑扎松紧合适不落地。

2.2 工具、用具准备。

可燃气体检测仪、防爆对讲机、验漏壶、毛巾、防爆F扳手、注脂枪、密封脂、防爆手电(夜间携带)，并保证对讲机和检测仪处于良好状态。

2.3 操作前的检查和确认。

2.3.1 检查确认阀门的开关状态。

2.3.2 检查阀门各部件连接紧固。

3 操作步骤

3.1 顺时针旋转手动装置手轮，使手动装置的指示箭头指向"关"位。

3.2 打开卸压球阀卸压。

3.3 再打开阀体上方球阀卸掉余压。

3.4 待完全卸压后，拔出安全销。

3.5 逆时针旋转快卸盖的手柄，使快卸盖上的箭头指向"开"位。

3.6 向外拉与手柄相连的快卸盖。

3.7 取出或放入清管器。

3.8 将快卸体及快卸盖密封面擦干净后，推入快卸盖。

3.9 顺时针旋转手柄，使快卸盖上的箭头指向"关"位。

3.10 插入安全销。

3.11 关闭阀体上方球阀。

3.12 关闭卸压球阀。

3.13 逆时针旋转手动装置手轮，使手动装置的指示箭头指向"开"位，装置恢复正常工作状态。

4 操作要点

4.1 清管阀禁止呈半开半闭状态，手动装置的指示箭头一定要指向"开"位或"关"位。

4.2 卸压球阀出口应连接排放管(卸压球阀连接处为管螺纹，尺寸为 $Rc1/2in$)，使排放物排入密闭容器(排放管和密闭容器用户自备)。

5 安全注意事项

5.1 当需要排放清管阀体空腔内的残余污物时，在阀门的正常工作状态下，打开快卸口下方卸压球阀及阀体上方球阀卸压，待完全卸压后，方可打开排污堵头，排放清管装置体空腔内的污物。

5.2 应定期检查卸压球阀、阀体上方球阀及排污球阀，确保各卸压管路通畅。

5.3 清管阀操作一定要严格按照操作步骤进行，以确保安全。

6 突发事件应急处置

6.1 现场出现火灾爆炸时，应立即停止作业，妥善处理现场。

6.2 如事件不可控制时，应立即启动站场《应急处置预案》进行处理。

模块十六　阀门维护保养

项目一　10—90 气动注脂泵操作

1　项目简介

气动注脂泵 10—90，通过压缩空气驱动气动马达，带动活塞往复运动。利用活塞上下端面积差获得高压流体输出。液体输出压力取决于活塞两端面积比及驱动气体的压力。活塞两端面积比定义为泵的比率，并标示在泵的型号中。通过调节工作气压可获得不同压力输出的流体。

图 3 – 27　10—90 气动注脂泵

注脂机主要由金属筒体、气动马达、压力表、气源切断阀、气泵、输入电源、高压软管、操作手柄等组成。如图 3 – 27 所示。

2　操作前准备

2.1　劳保穿戴整齐。

穿戴标准配置的劳保用品：安全帽帽壳、帽箍、顶带完好，后箍、下颌带调整松紧合适、固定可靠，女同志头发盘于帽内；工衣袖口、领口扣子扎紧；工鞋大小合适，鞋带绑扎松紧合适不落地。

2.2　工具、用具准备。

可燃气体检测仪、防爆对讲机、防毒面具、验漏壶、毛巾、气动注脂泵、密封脂、清洗液等，并保证对讲机和检测仪处于良好状态。

2.3　操作前的检查和确认。

2.3.1　检查确认软管完好，连接牢固。

2.3.2　检查确认注脂泵上的每个零部件紧固完好。

2.3.3　检查确认注脂接头清洁无污。

2.3.4　检查确认气源满足作业要求。

3　操作步骤

3.1　断开气源，解开泵桶上盖的 3 个固定夹。

3.2　移出泵桶上盖以上部分及密封脂罐。

3.3　将新的密封脂罐装进泵桶中，去除密封脂罐的盖子。

3.4　在硬橡胶活塞边缘抹上薄薄一层密封脂以便润滑，重新合上泵桶上盖及以上部分。

3.5　将硬橡胶活塞对准密封脂罐口部。

3.6　整体下压硬橡胶活塞和泵桶上盖。

3.7　当活塞完全压好时扣紧 3 个固定夹。

3.8　连接气源。

3.9　排空气。打开泵注脂口的开关，打开气源，泵开始工作。当看到注脂口逐渐连续流出密封脂时，关闭气源，关闭泵注脂口的开关。

3.10　连接泵的注脂口和阀门的注脂口。

3.11　打开泵的注脂口开关，打开气源。

3.12　密封脂通过软管注入阀门。

4　操作要点

4.1　注脂泵密封脂更换时应断开气源。

4.2　下压时可倾斜45°使下压更容易，压下后扶正，并转动两周以便活塞和密封脂更贴合，滞留的空气更少。

4.3　当活塞完全压好时扣紧3个固定夹（需要两个人共同完成，确保活塞位置更准确）。

4.4　注脂后用塑料袋或布将注脂泵包裹好。

5　安全注意事项

5.1　解开泵桶上盖的3个固定夹，注意防止泵桶上盖弹跳伤人。

5.2　如软管老化或损坏应及时进行更换。

5.3　注脂期间，应观察注脂枪出口压力表的压力变化情况，一般不应超过8000psi。

5.4　注脂完成后，对阀门进行验漏。

5.5　使用后泄放注脂机上的压力，用清洗液将注脂机擦干净。

6　注脂泵不能正常工作故障处置

6.1　原因分析。

6.1.1　气源压力是否合适。

6.1.2　密封脂是否足够。

6.1.3　接头是否松动。

6.1.4　盘根是否损坏，止回阀是否堵塞。

6.1.5　气动马达是否正常工作。

6.2　处理措施。

6.2.1　调节气源压力，气源可加压至最高100psi。

6.2.2　加注或更换密封脂。

6.2.3　紧固。

6.2.4　检查更换盘根，清除堵塞。

6.2.5　检查更换。

7　突发事件应急处置

7.1　现场出现火灾爆炸时，应立即停止作业，妥善处理现场。

7.2　如事件不可控制时，应立即启动站场《应急处置预案》进行处理。

项目二　400D注脂枪操作

1　项目简介

400D注脂枪是手工操作的液压泵，注脂时，手压液压泵手柄使高压液压油推动送料缸筒中的活塞，活塞推动前面所装载的密封剂。连续打压手柄就可以使压力不断增高。当

图 3 - 28　400D 注脂枪

超过管线压力时，密封剂就被挤入阀门的密封剂空腔中。当加注完足够的密封剂后，打开液压泵侧面的小旁通阀进行卸压，再将加注头摘下，即可将加注枪撤掉。如图 3 - 28 所示。

2　操作前准备

2.1　劳保穿戴整齐。

穿戴标准配置的劳保用品：安全帽帽壳、帽箍、顶带完好，后箍、下颌带调整松紧合适、固定可靠，女同志头发盘于帽内；工衣袖口、领口扣子扎紧；工鞋大小合适，鞋带绑扎松紧合适不落地。

2.2　工具、用具准备。

可燃气体检测仪、防爆对讲机、防毒面具、验漏壶、毛巾、手动注脂枪、密封脂、清洗液等，并保证对讲机和检测仪处于良好状态。

2.3　操作前的检查和确认。

2.3.1　检查确认软管完好，连接牢固。

2.3.2　检查确认注脂枪上的每个零部件紧固完好。

2.3.3　检查确认注脂接头清洁无污。

2.3.4　检查确认注脂接头型号合适。

2.3.5　关闭泄放阀，缓慢压下手柄，确认注脂枪口出口压力表能正常工作。

3　操作步骤

3.1　松开注脂枪旁通阀。

3.2　用手柄将活塞推到底部。

3.3　加入密封脂。

3.4　用手柄将密封剂推到底部。

3.5　紧好压力表。

3.6　拧紧枪盖，拧紧旁通阀。

3.7　套好枪的注脂口和阀门的注脂口。

3.8　提压手柄。

3.9　注脂充分后松开旁通阀。

3.10　脱开枪和阀门的注脂口。

4　操作要点

4.1　若注脂压力高达 8000psi 时，应暂停操作注脂枪，等待片刻以便里面的密封脂充分流向密封表面，然后继续注脂。

4.2　注脂操作时手部加压动作不宜过快，否则不利于密封脂充分流向密封表面。

4.3　注脂完成后，对阀门进行验漏。

4.4　注脂后，用塑料袋或布将注脂枪包裹好。

5　安全注意事项

5.1　如软管老化或损坏，应及时进行更换。

5.2　使用后泄放注脂枪上的压力，用清洗液将注脂枪擦干净。

5.3　注脂期间，要观察注脂枪枪出口压力表的压力变化情况，一般不超过 5000psi。

6　注脂枪不能正常工作故障处置

6.1　原因分析。

6.1.1　密封脂是否足够。

6.1.2　接头是否松动。

6.1.3　高压软管是否堵塞。

6.1.4　注脂嘴是否堵塞。

6.1.5　动力不够，缺少液压油。

6.2　处理措施。

6.2.1　加注密封脂。

6.2.2　紧固。

6.2.3　清除堵塞。

（1）手动注脂枪灌满清洗液并扣压在注脂嘴上，向球阀注脂嘴内注入清洗液，并保持此状态直到注脂枪压力下降。

（2）如浸泡2d后，注脂枪压力仍不下降，则更换注脂嘴。

（3）更换注脂嘴后仍无法注脂，则更换其内置止回阀。

6.2.4　添加液压油。

7　突发事件应急处置

7.1　现场出现火灾爆炸时，应立即停止作业，妥善处理现场。

7.2　如事件不可控制时，应立即启动站场《应急处置预案》进行处理。

项目三　阀门排污操作

1　项目简介

按计划对球阀进行排污可以有效防止杂质对球阀的损坏，建议每年将球阀的排污口排放1~2次。

在每年入冬之前、在计划停用（检修）时、水压试验之后、清洗管线之后等情况下对球阀进行排污。

2　操作前准备

2.1　劳保穿戴整齐。

穿戴标准配置的劳保用品：安全帽帽壳、帽箍、顶带完好，后箍、下颌带调整松紧合适、固定可靠，女同志头发盘于帽内；工衣袖口、领口扣子扎紧；工鞋大小合适，鞋带绑扎松紧合适不落地。

2.2　工具、用具准备。

可燃气体检测仪、防爆对讲机、防毒面具、验漏壶、毛巾、扳手、排污桶，并保证对讲机和检测仪处于良好状态。

2.3　操作前的检查和确认。

2.3.1　排污前检查确认扳手灵活好用。

2.3.2　排污桶不渗不漏。

3　操作步骤

3.1　缓慢卸松排污阀。

3.2 排污。

3.3 关闭排污嘴/阀。

4 操作要点

4.1 通常排污阀采用螺纹连接，操作时使用两个扳手，保证根部螺纹连接可靠，扳手选用应尽量避免使用活扳手。

4.2 调整操作排污阀的开度，以排出阀腔中杂质为宜。

4.3 无杂质排出即认为排污合格。

4.4 排污操作中，如果积液造成冻堵，应不断反复活动排污阀，保证排污阀通道畅通。

5 安全注意事项

5.1 操作时动作应缓慢，操作人员应避开排污阀排气方向，防止受伤。

5.2 双阀组排污阀，根据现场情况安全操作。

5.3 球阀只能在全开或全关位置进行排污，严禁在半开位打开排污阀门，防止操作人员受伤。

6 突发事件应急处置

6.1 现场出现火灾爆炸时，应立即停止作业，妥善处理现场。

6.2 如事件不可控制时，应立即启动站场《应急处置预案》进行处理。

项目四 球阀常见故障与处理

1 项目简介

阀门是管道系统中的重要组成部分，阀门的维护保养是生产运行中的主要工作任务之一。球阀结构简单，启闭迅速，可靠性高。但阀门密封损伤泄漏的情况也时有发生，这不仅会对企业造成巨大的损失，而且还可能影响管道集输系统的安全运行。

2 操作前准备

2.1 劳保穿戴整齐。

穿戴标准配置的劳保用品：安全帽帽壳、帽箍、顶带完好，后箍、下颌带调整松紧合适、固定可靠，女同志头发盘于帽内；工衣袖口、领口扣子扎紧；工鞋大小合适，鞋带绑扎松紧合适不落地。

2.2 工具、用具准备。

可燃气体检测仪、防爆对讲机、防毒面具、验漏壶、毛巾、扳手、排污桶，并保证对讲机和检测仪处于良好状态。

2.3 操作前的检查和确认。

2.3.1 排污前检查确认扳手灵活好用。

2.3.2 排污桶不渗不漏。

3 操作步骤

3.1 球阀内漏故障。

3.1.1 球阀内漏判断。

球阀内漏可通过阀体排污进行判断，打开阀门排污阀将阀腔内气体放空，如果阀腔气体排不干净，即认为该阀门内漏。

3.1.2　球阀内漏可能的原因。

（1）阀门限位不准确。

（2）阀芯密封面有污物，造成阀门密封不好。

（3）阀芯密封面或球体被硬物划伤。

3.1.3　球阀内漏处理

（1）检查阀门限位，通过调整限位解决阀门内漏。

（2）注入一定量的润滑脂止漏，注入速度一定要慢，同时观察注脂枪出口压力表指针的变化确定阀门的内漏情况。

（3）如果不能止漏，有可能是早期注入的密封脂变硬或密封面损坏造成内漏。建议注入阀门清洗液，对阀门的密封面以及阀座进行清洗。一般至少浸泡半小时，如果有必要可浸泡几小时甚至几天，待固化物全部溶解后再做下一步处理。在这一过程中最好能开关活动阀门几次。

（4）重新注入润滑脂，间断地开、关阀门，将杂质排出阀座后腔和密封面。

（5）在全关位进行检查，如果仍有泄漏，应注入加强级密封脂，同时打开阀腔进行放空，这样可以产生大的压差，有助于密封。一般情况下，通过注入加强级密封脂可以消除内漏。

（6）如果仍然有内漏，对阀门进行维修或更换。

3.2　注脂嘴泄漏处理。

3.2.1　向注脂嘴注入清洗液，并进行浸泡，将注脂嘴中的杂质清洗后排出。

3.2.2　清洗后仍无法处理的注脂嘴，进行更换。

3.3　球阀注脂嘴堵塞，无法注脂的处理。

3.3.1　手动注脂枪灌满清洗液并扣压在注脂嘴上，向球阀注脂嘴内注入清洗液，并保持此状态直到注脂枪压力下降。

3.3.2　如浸泡2d后，注脂枪压力仍不下降，则更换注脂嘴。

3.3.3　更换注脂嘴后仍无法注脂，则更换其内置止回阀。

3.4　阀杆泄漏处理。

3.4.1　有阀杆注脂结构的球阀，缓慢注入球阀密封脂，当泄漏止住时应停止加注（注意：向阀杆注脂时注脂压力不能超过3000psi，否则阀杆密封腔上下O形圈可能被挤坏，造成密封彻底失效）。

3.4.2　因填料损坏引起泄漏时，更换阀杆填料。

3.4.3　紧固阀杆顶部的压紧螺栓。

3.5　球阀操作困难，无法开关的处理流程。

3.5.1　检查球阀前后是否存在较大压差，如存在压差，则对其进行平衡后再操作。

3.5.2　阀座与球体抱死，注入一定量的清洗液浸泡一段时间后进行操作。

3.5.3　杂质将球体或阀座环卡死，注入清洗液去除杂质。

3.6　球阀法兰连接处外漏处理。

3.6.1　球阀前后管线泄压至安全状态。

3.6.2　紧固连接螺栓。

3.6.3　如紧固后仍泄漏，泄压后拆卸连接螺栓，更换法兰垫片。

4 操作要点

4.1 外漏检查：用验漏液检查阀门法兰、填料压盖、阀杆等各连接部位及注脂嘴有无泄漏。

4.2 内漏测试可通过阀体排污进行判断。

5 安全注意事项

5.1 注脂期间，要观察注脂枪出口压力表的压力变化情况，向阀杆注脂时注脂压力严禁超过3000psi。

5.2 向球阀注脂嘴内注入清洗液，注脂枪压力不下降，严禁强行注入。

5.3 操作时应侧身操作，严禁正对阀门、注脂嘴、排污阀。

6 突发事件应急处置

6.1 现场出现火灾爆炸时，应立即停止作业，妥善处理现场。

6.2 如事件不可控制时，应立即启动站场《应急处置预案》进行处理。

单元四　站场应急

模块一　应急器材使用

项目一　手提式干粉灭火器使用

1　项目简介

干粉灭火器是一种以磷酸铵盐为基料的干粉，它具有中断火焰燃烧链反应的作用。另外，它与火焰接触后，能在燃烧物表面产生一层多聚磷酸盐物质（如五氧化二磷），按使用量的多少形成一定厚度的玻璃层状产生物，产生物渗透到可燃物的气孔内，阻止空气与可燃物接触，起到防火层的作用。磷酸铵盐分解放出的氨对火焰也能起到类似海伦1301那样的均相负催化作用，能使燃烧物表面碳化，碳化层可减缓燃烧，降低火焰温度。

2　操作前准备

2.1　劳保穿戴整齐。

穿戴标准配置的劳保用品：安全帽帽壳、帽箍、顶带完好，后箍、下颌带调整松紧合适、固定可靠，女同志头发盘于帽内；工衣袖口、领口扣子扎紧；工鞋大小合适，鞋带绑扎松紧合适不落地。

2.2　操作前的检查和确认。

检查灭火器的压力表指针在绿色区域，铅封、销钉、喷粉管及喷嘴无缺损、堵塞、老化松动，筒体无锈蚀，灭火器在有效期内。

3　操作步骤

3.1　将灭火器手提或肩扛至着火点，在上风口4~5m处上下颠倒几次。

3.2　撕下铅封，拔下销钉，一手握紧喷嘴，一手按下压把，对准火焰根部，由近至远横向扫射将火扑灭。

3.3　检查确认。

3.4　清理现场，填写记录。

4　操作要点

4.1　使用前将灭火器上下颠倒几次，以利于干粉射出。

4.2　磷酸铵盐干粉灭火器一经打开启用，不论是否用完均须再次充装。充装时，禁止变换品类。

4.3　灭火要彻底，不留残火，以防复燃。

4.4　将使用过的灭火器按规定注明已被使用并放到指定位置。

5 安全注意事项

5.1 对液体火灾，禁止直接对准液面扫射，以免液体溅出伤人。

5.2 高压电设备带电灭火时应注意灭火器的机体、喷嘴及人体与带电体保持一定的距离。

项目二 推车式干粉灭火器使用

1 项目简介

推车式干粉灭火器是一种轻便的移动式灭火器材，它使用 ABC（磷酸铵盐）干粉灭火剂和驱动气体氮气一起灌装在全封闭的容器内。灭火时由氮气驱动干粉灭火剂喷射灭火，具有灭火速度快，质量轻，效率高，使用方便、灵活、安全等优点。本项目主要是正确使用推车式干粉灭火器，达到控制火势，快速灭火的目的，有效保障生命财产安全。

2 操作前准备

2.1 劳保穿戴整齐。

穿戴标准配置的劳保用品：安全帽帽壳、帽箍、顶带完好，后箍、下颌带调整松紧合适、固定可靠，女同志头发盘于帽内；工衣袖口、领口扣子扎紧；工鞋大小合适，鞋带绑扎松紧合适不落地。

2.2 操作前的检查和确认。

检查灭火器的压力表指针在绿色区域，铅封、销钉、喷射软管及喷嘴无缺损、堵塞、老化松动，筒体无锈蚀，轮子灵活，灭火器在有效期内。

3 操作步骤

3.1 将灭火器迅速拉到或推到火场，在上风口 10m 处停下，将灭火器放稳。

3.2 一人取下喷管，迅速展开喷射软管，然后一手握住喷枪枪管；另一人拔出开启机构上的保险销，扣动扳机，将喷嘴对准火焰根部，由近至远横向扫射将火扑灭。

3.3 检查确认。

3.4 清理现场，填写记录。

4 操作要点

4.1 推车式干粉灭火器的操作一般应由两人完成：一人操作喷枪接近火源扑灭火灾，另一人负责开启灭火器阀门并负责移动灭火器。

4.2 磷酸铵盐干粉灭火器一经打开启用，不论是否用完，均须再次充装。充装时，禁止变换品类。

4.3 灭火要彻底，不留残火，以防复燃。

4.4 将使用过的灭火器按规定注明已被使用并放到指定位置。

4.5 干粉灭火器的喷射时间及射程。

4.5.1 MF8 喷射时间≥12s，有效射程≥5m。

4.5.2 MFT35 喷射时间≥15s，有效射程＞8m。

4.5.3 MFT50 喷射时间≥20s，有效射程＞9m。

5 安全注意事项

5.1 对液体火灾，禁止直接对准液面扫射，以免液体溅出伤人。

5.2 高压电设备带电灭火时应注意灭火器的机体、喷嘴及人体与带电体保持一定的距离。

项目三　二氧化碳灭火器使用

1　项目简介

二氧化碳灭火器是利用所充装的液态二氧化碳喷出而灭火的灭火器。由筒体、瓶阀、喷射系统等部件构成。

2　操作前准备

2.1　劳保穿戴整齐。

穿戴标准配置的劳保用品：安全帽帽壳、帽箍、顶带完好，后箍、下颌带调整松紧合适、固定可靠，女同志头发盘于帽内；工衣袖口、领口扣子扎紧；工鞋大小合适，鞋带绑扎松紧合适不落地。

2.2　操作前的检查和确认。

2.2.1　检查确认灭火器的质量在规定范围内。

2.2.2　检查确认铅封、销钉、喷射软管或喇叭筒无缺损、堵塞、老化松动，筒体无锈蚀，灭火器在有效期内。

3　操作步骤

3.1　将灭火器提到起火地点。

3.2　放下灭火器，拔出保险销，一只手握住喇叭筒根部手柄，另一只手紧握启闭阀压把。对无喷射软管的二氧化碳灭火器，应将喇叭筒往上扳 70°~90°。

4　操作要点

4.1　称出的质量与灭火器钢瓶肩部打的钢印总质量相比较，低于 50g 或者二氧化碳质量比额定质量减少十分之一时，应及时充装二氧化碳。

4.2　二氧化碳灭火器用来扑灭图书、档案、贵重设备、精密仪器，600V 以下电气设备及油类的初起火灾。

4.3　二氧化碳灭火器适用于扑救 B 类火灾，如煤油、柴油、原油，甲醇、乙醇、沥青、石蜡等火灾。

4.4　二氧化碳灭火器适用于扑救 C 类火灾，如煤气、天然气、甲烷、乙烷、丙烷、氢气等火灾。

4.5　扑救 E 类火灾(物体带电燃烧的火灾)，不适用于金属火灾。

5　安全注意事项

5.1　使用时，禁止用手抓住喇叭筒外壁或金属连接管，防止手被冻伤。

5.2　在室外使用的，应选择上风方向喷射。在室内窄小空间使用的，灭火后应迅速离开，以防窒息。

5.3　扑救电器火灾时，若电压超过 600V，切记应先切断电源后再灭火。

5.4　扑救棉麻、纺织品火灾时，应注意防止复燃。

模块二　现场急救

项目一　正压式空气呼吸器操作

1　项目简介

正压式呼吸器是以压缩空气为供气源的隔绝开路式呼吸器。当打开气瓶阀时，贮存在气瓶内的高压空气通过气瓶阀进入减压器组件，同时压力显示组件气瓶空气压力。高压空气被减压为中压，中压空气经中压管进入安装在面罩上的供气阀。供气阀根据使用者的呼吸要求，能提供大于200L/min的空气。同时，面罩内保持高于环境大气的压力。当人吸气时，供气阀膜片根据使用者的吸气而移动，使阀门开启，提供气流；当人呼气时供气阀膜片向上移动，使阀门关闭，呼出的气体经面罩上的呼气阀排出；当停止呼气时，呼气阀关闭，准备下一次吸气。这样就完成了一个呼吸循环过程。

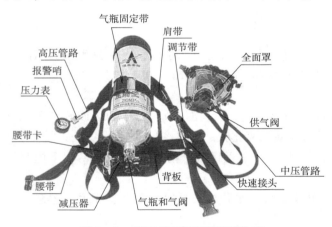

图4-1　正压式空气呼吸器结构图

正压式呼吸器由气瓶总成、减压器总成、供气阀总成、面罩总成和背架总成五部分组成。如图4-1所示。

2　操作前准备

2.1　劳保穿戴整齐。

穿戴标准配置的劳保用品：安全帽帽壳、帽箍、顶带完好，后箍、下颌带调整松紧合适、固定可靠，女同志头发盘于帽内；工衣袖口、领口扣子扎紧；工鞋大小合适，鞋带绑扎松紧合适不落地。

2.2　工具、用具准备。

正压式空气呼吸器、酒精、棉签等。

2.3　操作前的检查和确认。

2.3.1　外观检查：气瓶确认无划痕、无破损；背架、背带牢固可靠；面罩无破损、橡胶件无老化。

2.3.2　压力检查：气瓶手轮开两圈以上，气瓶内空气压力应为27～30MPa，若低于该压力应充气并汇报。

2.3.3　气密性检查：打开气瓶阀开关，观察压力表的读数，稍后关闭。在1min内压力下降不大于2MPa。

2.3.4　报警器检查：缓慢按下呼吸控制阀的按钮，压力低于5.5±0.5MPa报警，若不报警禁止使用。

3　操作步骤

3.1　佩戴。

3.1.1　弯腰将双臂穿入肩带。

3.1.2　双手抓住气瓶背板，缓慢将气瓶举过头顶，背在身后。

3.1.3　拉紧肩带，固定腰带。

3.1.4　由下而上戴上面罩。

3.1.5　收紧面罩系带，用手堵住进气口用力呼吸，确定面罩气密性良好。

3.1.6　打开气瓶阀，连接供气阀与面罩，深呼吸，感觉舒畅即使用正常。

3.2　脱卸。

3.2.1　松开面罩系带，摘下面罩，关闭气瓶阀。

3.2.2　先松腰带，再松肩带，卸下呼吸器。

3.2.3　放空供气管路内的余气，压力表指针回零。

3.2.4　用酒精清洗面罩后放回专用箱中。

4　操作要点

4.1　背戴气瓶时应将气瓶阀向下背上气瓶，通过拉肩带上的自由端，调节气瓶的上下位置和松紧，直到感觉舒适为止。

4.2　插上塑料快速插扣，腰带系紧程度以舒适和背托不摆动为宜。

4.3　把下巴放入面罩，由下向上拉上头网罩，将网罩两边的松紧带拉紧，使全面罩双层密封环紧贴面部。

4.4　面罩密封检查时用手按住面罩接口处，通过吸气检查面罩密封是否良好。

4.5　装供气阀时应将供气阀上的接口对准面罩插口，用力往上推，当听到咔嚓声时，安装完毕。

4.6　检查仪器性能时完全打开气瓶阀，此时，应能听到报警哨短促的报警声，否则，报警哨失灵或者气瓶内无气。同时观察压力表读数。通过几次深呼吸检查供气阀性能，呼气和吸气都应舒畅，无不适感觉。

4.7　若面罩橡胶件有老化、损坏现象，应及时更换。

4.8　每月应对正压式空气呼吸器进行一次全面检查。

4.9　压力表应每年进行一次校正。

5　安全注意事项

5.1　使用前必须按步骤检测呼吸器是否正常，否则将有可能导致使用者的生命危险。

5.2　正压式空气呼吸器及其零部件应避免阳光直接照射，以免橡胶老化。

5.3　严禁接触油脂。

5.4　空气瓶严禁充装氧气，以免发生爆炸。

5.5　正压式空气呼吸器不宜作潜水呼吸器使用。

5.6　使用过程中必须确保供气阀打开两圈以上。

5.7　必须经常查看气瓶气源压力表，一旦发现高压表指针快速下降或发现不能排除的漏气时，应立即撤离现场。

5.8　使用中感觉呼吸阻力增大、呼吸困难、头晕等不适现象，以及其他不明原因的不舒服时应及时撤离现场。

5.9　使用中听到残气报警器哨声后，应尽快撤离现场(到达安全区域时，迅速卸下面罩)。

5.10　在作业过程中供气阀发生故障不能正常供气时，应立即打开旁通阀作人工供气，并迅速撤离作业现场。

6　常见故障及处理

正压式空气呼吸器常见故障及处理，见表 4-1。

表 4-1　常见故障及处理

序号	故障现象	可能原因	处理方法
1	哨声不正确	哨子脏	清洁并重新安装
2	安全减压阀泄漏	减压器有故障	将减压器送回厂家
3	面罩泄漏	密封圈有问题或未安装或 O 形圈连接有问题	安装或更换密封圈或 O 形圈
		呼气阀泄漏	清洁或重新装配更换
4	高压泄漏	检查连接的紧固程度	按需拉紧
		检查软管连接的密封	按需更换密封件
5	吸气泄漏（不断泄漏）	O 形圈磨损	更换
		平衡活塞有故障	送回厂家
		隔膜未正确安装	重新正确安装
		旁路旋钮接通	关闭旁路旋钮

项目二　心肺复苏

1　项目简介

心肺复苏简称 CPR，主要针对骤停的心脏和呼吸采取的救命技术。心肺复苏的目的主要是恢复患者自主呼吸和自主循环。

心肺复苏是在危及生命的紧急情况下，快速对病人进行急救的方法。一旦发现患者出现呼吸心跳骤停，要求在最短时间内对患者进行心肺复苏。如果患者呼吸循环停止超过 4min，可能引起大脑不可逆损伤，造成不良后果。

2　操作前准备

2.1　操作前的检查和确认。

2.1.1　及时观察现场周边环境情况，确认安全。

2.1.2　在安全区域迅速联系专业急救人员，并简短地描述现场情况。

3　操作步骤

3.1　判断意识和求救。

3.1.1　轻拍患者面部或肩部，并大声呼唤，如无反应，说明意识已丧失。然后高声呼救，呼唤他人前来帮助，拨打 120 急救电话。

3.1.2　摆好体位，使患者仰卧在坚实的平面上，头部不得高于胸部。如患者俯面，则必须将患者的头、肩、躯干作为一个整体同时翻转而不使其扭曲。

3.1.3　判断呼吸及脉搏 10s 内完成。

3.2　开放气道。

3.2.1　清除气道及口内异物时应使头部偏向一侧，液体状的异物可顺位流出。

3.2.2　打开气道时救护者一只手置于患者前额，手掌后压使头后仰，另一只手食指、中指置于患者下颌骨，向上抬举，举高程度以唇齿未完全闭合为限。

3.3　胸外心脏按压。

3.3.1　救护者立于或跪于患者右侧，一手掌根部置于按压点(胸骨中下 1/3 交界处的正中线上或剑突上 2.5~5cm 处)，另一手掌根部放于前者手背上，手指翘起或双手手指交叉互相握持抬起，两臂伸直，凭自身重力通过双臂和双手掌，垂直向胸骨加压，然后放松，但掌跟不能离开按压处。

3.3.2　按压与松开的时间比为 1:1，推荐频率 100 次/分钟。胸外按压与人工呼吸比例为 30:2(每做 30 次心脏按压后，人工呼吸 2 次，反复交替进行)。

3.4　人工呼吸。

3.4.1　口对口(鼻)人工呼吸最适用于现场复苏。

3.4.2　救护者用手捏住患者鼻孔，深吸气后将口唇严密包盖患者口部，并缓慢持续地向患者口腔吹气，每次应达 1s 以上，确保每次吹气后患者胸部抬举。

3.5　判断患者恢复情况。

3.5.1　复苏的成功与终止进行心肺复苏术后，病人瞳孔由大变小，脑组织功能开始恢复(如挣扎、肌张力增强，有吞咽动作等)，能自主呼吸，心跳恢复，紫绀消退等，可认为心肺复苏成功。

3.5.2　若经过约 30min 的心肺复苏抢救，不出现上述表现，预示复苏失败。

3.5.3　在医务人员没接替抢救之前，现场人员禁止放弃现场急救。

4　操作要点

4.1　胸外心脏按压，位置在两乳头连线中点，也就是胸骨中下 1/3 处。

4.2　用左手掌跟部紧贴病人胸部，两手重叠，左手五指翘起，双臂深直，用上身力量用力按压 30 次。

4.3　使其头部尽量后仰，捏紧患者鼻孔，均匀向患者口中送气至少 1s。

4.4　以心脏按压，人工呼吸 30:2 的比例进行，操作 5 个周期，持续 2min 高效率的 CPR 判断复苏是否有效。

5　安全注意事项

5.1　若施救者不愿对病人进行口对口人工呼吸，可给予病人不间断的持续胸外按压，直到患者恢复呼吸心跳或专业急救人员到达现场。

5.2　高质量的胸外按压对心脏骤停患者极为重要，其操作要点包括按压深度要 5 厘米以上、按压速度至少 100 次/分钟、按压后让胸廓完全回弹、减少按压中断、避免过度通气。

5.3　胸部外伤的患者不适合进行心肺复苏。当发生车祸或坠落时，由于存在肺挫伤、裂伤及开放性伤口等，都不适合胸外按压，这可能造成严重出血、张力性气胸或感染等的发生。

5.4　中枢性疾病患者不适合进行心肺复苏。若怀疑患者(伤员)为脑出血、急性颅脑损伤时，也不能采取心肺复苏。判断方法是观察患者(伤员)瞳孔的反应，当瞳孔见光亮即收缩，表明血液中有足够氧气，且可以流入脑部；若瞳孔见光亮毫无反应，仍然散大，表明脑部有严重损伤，要立即终止心肺复苏。

5.5 心包填塞患者不适合进行心肺复苏。常见病因如心肌梗死导致的心脏破裂，主动脉夹层根部破裂引起大量血液流入心包等。这类人群通常存在既往病史，发病时迅速转为休克状态。而胸外按压会造成进一步出血，有致命风险。

项目三 触电现场急救

1 项目简介

随着电气设备和家用电器的应用越来越广，人们发生触电击伤事故也相应增多。人触电后，电流可能直接流过人体的内部器官，导致心脏、呼吸和中枢神经系统机能紊乱，形成电击或者电流的热效应、化学效应和机械效应对人体的表面造成电伤。无论是电击还是电伤，都会带来严重的伤害，甚至危及生命。因此，触电的现场急救方法已是大家必须熟练掌握的急救技术。

2 操作前准备

2.1 工具、用具准备。

急救药箱、电工钳、木把手斧、木棍等绝缘工具。

2.2 操作前的检查和确认。

2.2.1 及时观察现场周边环境情况，确认安全。

2.2.2 在安全区域迅速联系专业急救人员，并简短描述现场情况。

3 操作步骤

3.1 迅速联系专业救护人员。

3.2 设法关闭电源或使受伤者脱离危险地带。

3.3 对伤者进行现场急救。

4 操作要点

4.1 使触电者脱离电源应采取的措施。

4.1.1 切断电源开关，或者用电工钳子、木把手斧将电源线截断。

4.1.2 如果距电源较远可用干燥的木棍、竹竿等挑开触电者身上的电线或带电设备。

4.1.3 可用干燥的几层衣服将手裹上或站在干燥的木板上，拉触电者的衣服。

4.1.4 如果触电者在高压设备上，为使触电者脱离电源，应立即通知有关部门停电或用相应等级的绝缘工具拉开关、切断电线，或投掷裸体金属线使线路短路接地，迫使继电保护装置动作，切断电源。

4.2 当触电者脱离电源以后，应视触电轻重采取以下措施：

4.2.1 伤者不严重，神志还清醒，只是四肢麻木、全身无力，或者一度昏迷，但未失去知觉，都要使之就地安静休息 1~2h，并严密观察。

4.2.2 伤者较为严重，无知觉、无呼吸，但心脏有跳动时，应立即进行人工呼吸。如有呼吸，但无心跳，则应采取人工体外心脏挤压法。

4.2.3 伤者严重，心跳和呼吸都已停止，瞳孔扩大失去知觉时，则须同时采取人工呼吸和人工体外心脏挤压两种方法。人工呼吸尽可能坚持抢救 6h 以上，直到把人救活或者确诊已经死亡为止，送医院途中不能中断抢救。

4.2.4 对触电者严禁乱打强心针。

4.2.5 在医务人员没接替抢救之前，现场人员不得放弃现场急救。

5　安全注意事项

5.1　施救者要做好绝缘防护措施进行施救。

5.2　切断电源开关，应用电工钳子、木把手斧等绝缘工具将电源线截断。

项目四　急性中毒现场急救

1　项目简介

大量毒物短时间内经皮肤、黏膜、呼吸道、消化道等途径进入人体，使机体受损并发生功能障碍，称之为急性中毒。急性中毒是临床常见的急症，其病情急骤，变化迅速，必须尽快作出诊断与急救处理。

2　操作前准备

2.1　工具、用具准备。

正压式空气呼吸器、急救药箱、担架、清水、肥皂等。

2.2　操作前的检查和确认。

2.2.1　及时观察现场周边环境情况，确认安全。

2.2.2　在安全区域迅速联系专业急救人员，并简短描述现场情况。

3　操作步骤

3.1　检查中毒区域的现场情况。

3.2　迅速联系专业救护人员。

3.3　转移中毒者至空气新鲜区域，进行现场急救。

4　操作要点和质量标准

4.1　抢救者佩戴防护用品，将中毒者抬离工作地点，呼吸新鲜空气，松开伤员的衣领、内衣、裤带、乳罩，使患者仰卧，肺脏伸缩自如。

4.2　注意患者身体的保暖，检查患者昏迷程度。若患者出现深度昏迷，则要对其头颅周围进行降温。

4.3　患者的呼吸道要通畅无阻，以使气体容易进出。清除口、鼻中泥草、痰涕或其他分泌物，有活动假牙的应立即取出，以免坠入气管。

4.4　对神志不清者应将头部偏向一侧，以防呕吐物吸入呼吸道引起窒息，有条件者立即上氧，头置冰袋以减轻脑水肿。

4.5　呼吸困难者应做人工呼吸、吸氧。心跳停止者应立即进行体外心脏按压，并立即请医生急救。

4.6　除去污染物，脱去被有毒物污染过的衣服。用大量清水或肥皂水清洗被污染过的皮肤。眼睛受毒物刺激时，可用大量清水冲洗。

5　安全注意事项

5.1　为安全起见，尤其是化学中毒，在无法确定原因的情况下禁止口对口呼吸。

5.2　抢救者个人防护用品佩戴不齐全，禁止进入中毒区域施救。

5.3　抢救者在中毒区域施救过程中，应注意现场环境变化防止二次伤害。

模块三　应急处置

项目一　站场出现火情

步骤	处置措施	责任人
发现异常 确认部位	发现站场有火光和烟气或听到火灾报警声	值班巡检人员
	检查确认着火部位，并报告站(班)长	发现泄漏第一人
向上级汇报 初步处置	站(班)长向所属单位领导进行汇报，同时将现场情况和应急处置情况上报公司应急指挥中心	站(班)长
	利用站内灭火器扑救初期火灾	站场值班人员
启动预案	站(班)长根据所属单位领导指示，立即启动应急处置方案	站(班)长
灭火措施	如果生产区火势猛烈，用现场灭火器难以扑灭，值班人员到中控室立即按下一级关断按钮，并拨打火警119进行火灾报警	值班人员
	如果值班区出现大火，选择用就近的灭火器灭火，一旦火势无法控制，按下现场一级关断按钮，停止生产，并拨火警119进行火灾报警。	值班人员
人员撤离	值班人员发现火势无法控制时，现场人员迅速撤离	值班人员
火情解除	待灾情解除后，找出着火原因，解决问题后，恢复流程，清理现场，上报公司应急指挥中心，恢复正常生产	项目部及站场值班人员
注意事项	1. 向各级负责人汇报内容要清晰、具体，做好汇报记录； 2. 操作灭火器要注意风向，务必站在上风口； 3. 火势升级，无法灭火时，要保持冷静，务必按照逃生路线撤离；撤离前要按下现场一级关断按钮	值班人员

项目二　井口采气树出现泄漏

2.1　采气树一号生产总阀上法兰以上部位(包括井场阀组)泄漏。

步骤	处置措施	责任人
发现异常 确认部位	发现井口装置有异常气流声、气体泄漏	值班巡井人员
	检查确认漏气部位，并报告站(班)长	发现泄漏第一人
向上级汇报 初步处置	站(班)长向所属单位领导进行汇报，同时将现场情况和应急处置情况上报公司应急指挥中心	站(班)长
	注采站、丛式井场值班人员切断该井站内控制阀	注气站、丛式井场值班人员

步骤	处置措施	责任人
启动预案	站(班)长根据所属单位领导指示,立即启动应急处置方案	站(班)长
调整生产	值班人员根据调控中心通知调整其他井生产	值班人员
工艺措施、切断泄漏源	现场进行警戒,并拉灭火器到现场上风口	值班人员
	关闭泄漏点上、下游控制阀门	值班人员
	打开该井站内放空阀门进行放空	注气站、丛式井场值班人员
抢修验漏	应急救援人员进行抢修,完毕后充压验漏	应急救援人员
恢复流程	恢复流程,清理现场,恢复正常注气	值班人员
注意事项	1. 向各级负责人汇报内容要清晰、具体,做好汇报记录; 2. 流程切换、阀门开关现场确认,保障万无一失; 3. 抢险人员要佩戴合格气防、消防器具,使用防爆工具; 4. 维修完成要验证合格,方可恢复正常生产	值班人员

2.2 采气树一号生产总阀下法兰以下部位泄漏。

步骤	处置措施	责任人
发现异常确认部位	发现井口装置有异常气流声、气体泄漏	值班巡井人员
	检查确认漏气部位,并报告站(班)长	发现泄漏第一人
向上级汇报初步处置	站(班)长向所属单位领导进行汇报,同时将现场情况和应急处置情况上报公司应急指挥中心	站(班)长
	注采站值班人员切断该井站内注气阀门;丛式井场值班人员通过井口控制柜启动地面和井下安全阀,切断气流(已经控制险情)	注采站、丛式井场值班人员
调整生产	值班人员根据所属单位领导通知调整其他井生产	值班人员
警戒监护	现场进行警戒,并拉灭火器到现场上风口	值班人员
启动公司级预案	所属单位领导向公司应急指挥中心汇报现场情况,启动公司级应急预案	所属单位领导
注意事项	1. 向各级负责人汇报内容要清晰、具体,做好汇报记录; 2. 流程切换、阀门开关现场确认,保障万无一失; 3. 抢险人员要佩戴合格气防、消防器具,使用防爆工具; 4. 站内禁止一切着火源,抢险、维修人员远离泄漏区域,保持一定的安全距离; 5. 丛式井场下入井池前必须进行可燃气体检测,达标后方可佩戴空呼器进入	值班人员

项目三 压缩机组天然气泄漏

步骤	处置措施	责任人
发现异常确认部位	发现压缩机有异常气流声、气体泄漏	值班巡检人员
	检查确认漏气部位,并报告站(班)长	发现泄漏第一人

续表

步骤	处置措施	责任人
向上级汇报 初步处置	站(班)长向所属单位领导进行汇报，同时将现场情况和应急处置情况上报应急指挥中心	站(班)长
	按下压缩机紧急停车按钮，工艺气进出口阀关闭	注气站值班人员
启动预案	站(班)长根据所属单位领导指示，立即启动应急处置预案	站(班)长
疏散人员	泄漏区域人员疏散至安全区域	值班人员
工艺措施	手动打开压缩机组放空阀，确认泄压为零，查明原因	值班人员
	向公司应急指挥中心汇报处置情况	值班人员
抢修验漏	压缩机组保运队伍进行抢修，完毕后充压验漏	压缩机组保运队伍
恢复流程	恢复流程，清理现场，向公司应急指挥中心汇报可以恢复正常生产	值班人员
注意事项	1. 向各级负责人汇报内容要清晰、具体，做好汇报记录； 2. 采用中控室停压缩机，流程切换、阀门开关要现场确认，保障万无一失； 3. 抢险人员要佩戴合格气防、消防器具，使用防爆工具； 4. 轴流风机要及时打开	值班人员

项目四　管线、阀门、法兰发生刺漏

步骤	处置措施	责任人
发现异常 确认部位	发现站内管线、阀门、法兰有异常气流声、气体泄漏	值班巡检人员
	检查确认刺漏部位，并报告站(班)长	发现泄漏第一人
向上级汇报 初步处置	站(班)长向所属单位领导进行汇报，同时将现场情况和应急处置情况上报公司应急指挥中心	站(班)长
	若有备用或旁通流程，立即将气流导向备用或旁通；若无备用或旁通流程，停止正常生产	值班人员
启动预案	站(班)长根据所属单位领导指示，立即启动应急处置方案	站(班)长
疏散警戒	泄漏区域人员疏散至安全区域，并将灭火器拉至上风口，杜绝周围一切火源	值班人员
工艺措施	1. 丛式井场：对泄漏部位涉及的气井流程，关闭计量管线上、下游阀门； 2. 注采站：对泄漏部位涉及的流程，按照流量大小停运对应数量的压缩机，中控室远程关闭泄漏点上、下游控制阀(若阀门故障，可手动关闭泄漏点上、下游控制阀)	值班人员
	进行放空	值班人员
抢修验漏	维保队伍进行抢修，完毕后充压验漏	维保队伍
恢复流程	恢复流程，清理现场，向公司应急指挥中心汇报	值班人员
注意事项	1. 向各级汇报内容要清晰、具体，做好汇报记录； 2. 中控室操作流程，切换阀门开关要现场确认，保障万无一失； 3. 抢险维修人员要佩戴合格气防、消防器具，使用防爆工具； 4. 维修完成要验证合格，方可恢复正常生产	值班人员

项目五　压力容器本体发生天然气泄漏应急处置

步骤	处置措施	责任人
发现有天然气泄漏	收到事故信息，确认有天然气泄漏	值班巡检人员
	将泄漏部位及泄漏量立刻报告站(班)长	值班巡检人员
向上级汇报	站(班)长向所属单位领导进行汇报，同时将现场情况和应急处置情况上报公司应急指挥中心	站(班)长
启动预案	站(班)长根据所属单位领导指示，立即启动应急处置方案	站(班)长
工艺措施	站场值班人员进行流程切换，关闭泄漏点压力容器的上下游阀门，并进行放空。为确保生产正常运行，应立即打开旁通流程(若无法切换旁通流程，立即汇报请示，执行停产调控中心指令，关闭进出站总阀)	站场值班人员
	保持周围电气状态不变	值班人员
	站场值班人员就近将推车式或手持式干粉灭火器拉运至泄漏点上风向做好防火准备	站场值班人员
	若泄漏点发生在压缩机房等室内空间时，应及时停运压缩机，关闭泄漏点压力容器的上下游阀门，并进行放空；同时启动轴流风机等排气装置将挥发气体排出室外或打开门窗进行对流通风	值班人员
警戒	实施现场警戒，安排专人携带便携式可燃气检测仪测试，划定警戒范围。由疏散警戒组在事故现场拉起警戒线，禁止无关人员进入警戒线内	值班人员
抢修验漏	维保队伍佩戴正压式空气呼吸器进行抢修，完毕后充压验漏	维保队伍
恢复流程和生产	恢复流程，清理现场，向公司应急指挥中心汇报，并开启生产运行设备恢复生产	站场值班人员
人员急救	如站场人员发生人身伤害应第一时间采取急救措施	值班人员
医疗救护	由医疗救护组负责将受伤人员用担架转移到安全场所，并联系医疗救援机构，配合将受伤人员送医院治疗	值班人员
注意事项	1. 首先熄灭所有明火，隔绝一切火源，防止发生燃烧和爆炸； 2. 现场处理人员需佩戴所要求的防护用品及正压式空气呼吸器； 3. 疏散周边员工，到尽可能安全的距离以外	值班人员

项目六　注采站采出水罐发生大量天然气泄漏

步骤	处置措施	责任人
发现异常确认部位	发现站内采出水罐放空口有大量天然气泄漏，安全阀起跳	值班巡检人员
	报告站(班)长	发现泄漏第一人

续表

步骤	处置措施	责任人
向上级汇报初步处置	站(班)长向所属单位领导进行汇报,同时将现场情况和应急处置情况上报公司应急指挥中心	站(班)长
	中控室值班人员立即查看压力参数、报警参数,以及站场设备自动排污阀开关状态	值班人员
启动预案	站(班)长根据所属单位领导指示,立即启动应急处置方案	站(班)长
疏散警戒	泄漏区域人员疏散至安全区域,并将灭火器拉至上风口,杜绝周围一切火源	值班人员
工艺措施	1. 立即对连接排污管线的进出站区、计量区、分离器区、脱水区、压缩机区等排污设备,逐项检查自动、手动排污阀工作状态,确定泄漏源; 2. 关闭手动排污控制阀或自动排污前手动控制阀	值班人员
抢修验漏	维保队伍进行抢修,完毕后充压验漏;检验自动排污装置稳定性	维保队伍
恢复流程	恢复流程,清理现场,向公司应急指挥中心汇报	值班人员
注意事项	1. 向各级负责人汇报内容要清晰、具体,做好汇报记录; 2. 中控室操作流程,切换阀门开关要现场确认,保障万无一失; 3. 抢险维修人员要佩戴合格气防、消防器具,使用防爆工具; 4. 维修完成要验证合格,方可恢复正常生产	值班人员

项目七　危险废物泄漏(液态)应急处置

步骤	处置措施	责任人
发现有危险废物泄漏	收到事故信息,确认有危险废物泄漏	值班巡检人员
	将危险废物种类、泄漏部位及泄漏量立刻报告站(班)长	值班巡检人员
向上级汇报	站(班)长向所属单位领导进行汇报,同时将现场情况和应急处置情况上报公司应急指挥中心	站(班)长
启动预案	站(班)长根据所属单位领导指示,立即启动应急处置方案	站(班)长
处置措施	站场值班人员对事故现场的泄漏点用消防砂搭筑围堰,控制危险废物扩散外溢	站场值班人员
	值班人员立即停止压缩机等相关生产设备运行的工作,并保持周围电气状态不变	值班人员
	站场值班人员就近将推车式或手持式干粉灭火器拉运至泄漏点上风向,做好防火准备	站场值班人员
	若泄漏点发生在压缩机房等室内空间时,及时启动轴流风机等排气装置,将挥发气体排出室外或打开门窗进行对流通风	值班人员
警戒	实施现场警戒,安排专人携带便携式可燃气检测仪测试,划定警戒范围。由疏散警戒组在事故现场拉起警戒线,禁止无关人员进入警戒线内	值班人员

续表

步骤	处置措施	责任人
抢修验漏	维保队伍佩戴正压式空气呼吸器进行抢修，完毕后充压验漏	维保队伍
恢复流程和生产	恢复流程，清理现场，向公司应急指挥中心汇报，并开启生产运行设备恢复生产	站场值班人员
人员急救	如站场人员发生人身伤害应第一时间采取急救措施	值班人员
医疗救护	由医疗救护组负责将受伤人员用担架转移到安全场所，并联系医疗救援机构，配合将受伤人员送医院治疗	值班人员
注意事项	1. 首先熄灭所有明火，隔绝一切火源，防止发生燃烧和爆炸； 2. 现场处理人员需佩戴所要求的防护用品及防毒面具； 3. 现场废液用沙土围堤，回收物料，避免进入雨水沟道等系统； 4. 剩余液体用生活水冲洗稀释后再进行回收集中存放； 5. 疏散周边员工至尽可能安全的距离以外	值班人员

项目八　注采站注气期因故障引发阀门关断造成注气停产

步骤	处置措施	责任人
发现异常确认部位	发现上位机天然气计量数值快速减少，上位机工艺流程图阀门开关状态显示异常，压缩机一级进气压力迅速下降	中控室值班内操
	现场检查确认故障阀门开关状态，将检查情况报告站（班）长	外操值班人员
向上级汇报初步处置	站（班）长向项目部值班领导汇报	站（班）长
	内操人员按照生产运行程序向气源来源管道调控中心、公司生产运行部、调控中心室汇报，并通知压缩机保运人员、丛式井场值班人员	中控室值班内操
启动预案	站（班）长根据所属单位领导指示，立即启动应急处置方案	站（班）长
工艺处置措施	压缩机维保值班人员将运行压缩机卸载，并保持处于空载状态	压缩机维保值班人员
抢维修	站（班）长联系专业维保人员及时进行维修	维保人员
恢复生产	外操值班人员到工艺区手动打开故障关断阀门	外操值班人员
	中控室值班内操确认流程、生产恢复后，按照生产运行程序逐级逐项汇报	中控室值班内操
检查流程清理现场	外操值班人员及抢险人员现场检查生产流程，清理现场	外操值班人员
注意事项	1. 向各级负责人汇报内容要清晰、具体，做好汇报记录； 2. 流程切换、阀门开关现场确认，保障万无一失； 3. 维修完成要验证合格，方可恢复正常生产	值班人员

项目九　注采站采气期因故障引发阀门关断造成采气停产

步骤	处置措施	责任人
发现异常确认部位	发现中控室上位机天然气计量数值快速减少，上位机工艺流程图阀门开关状态显示异常	中控室值班内操
	现场检查确认故障阀门开关状态，并将检查情况报告站（班）长	外操值班人员
向上级汇报初步处置	站（班）长向所属单位值班领导汇报	站（班）长
	内操人员按照生产运行程序向下游管道调控中心、公司生产运行部、调控中心室汇报	中控室值班内操
启动预案	站（班）长根据所属单位领导指示，立即启动应急处置方案	站（班）长
工艺处置措施	关闭注采站内各生产丛式井场来气控制阀，并现场确认	外操值班人员
	外操值班人员到工艺区手动打开故障关断阀门	外操值班人员
抢维修	站（班）长联系专业维保人员及时进行维修	维保人员
恢复生产	中控室值班内操确认流程、生产恢复后，按照生产运行程序逐级逐项汇报	中控室值班内操
检查流程清理现场	外操值班人员及抢险人员现场检查生产流程，清理现场	外操值班人员
注意事项	1. 向各级负责人汇报内容要清晰、具体，做好汇报记录； 2. 流程切换、阀门开关现场确认，保障万无一失； 3. 维修完成要验证合格，方可恢复正常生产	值班人员

项目十　空气压缩机故障停机

步骤	处置措施	责任人
发现异常确认原因	发现空气压缩机故障停运	值班巡检人员
	检查确认原因，并报告站（班）长	发现故障第一人
向上级汇报	站（班）长向所属单位领导进行汇报，同时将现场情况和应急处置情况上报公司应急指挥中心	站（班）长
启动预案	站（班）长根据所属单位领导指示，立即启动应急处置方案	站（班）长
启动备用机	在注气（或采气）过程中，若一台空气压缩机故障停机，值班人员应立即启动另一台备用空气压缩机	值班人员
两台空气压缩机都无法正常开启的处理措施	1. 注气过程中，若站场两台空气压缩机同时出现故障，且不能立即排除故障时，应立即向公司应急指挥中心汇报，同时停运压缩机，气井停止注气，处置后向调控中心和公司应急指挥中心汇报处置情况； 2. 采气过程中，若两台空气压缩机同时出现故障，且不能立即排除故障时，应立即向公司应急指挥中心汇报，同时气井停止采气，处置后向调控中心和公司应急指挥中心汇报处置情况	值班人员
	关闭站内所有 BDV 放空阀根部阀，所有气动执行机构切换到手动状态	值班人员
抢维修	对空气压缩机进行抢维修	项目部技术人员

续表

步骤	处置措施	责任人
恢复流程	待空气压缩机故障排除后，清理现场，启动空气压缩机，恢复流程，向调控中心和公司应急指挥中心汇报可以恢复正常生产气	值班人员
注意事项	1. 向各级负责人汇报内容要清晰、具体，做好汇报记录； 2. 采用中控室停运压缩机，流程切换、阀门开关要现场确认，保障万无一失； 3. 流程恢复时要先启动空气压缩机后再操作阀门	值班人员

项目十一　系统停电

步骤	处置措施	责任人
发现异常 确认部位	发现站场停电，无法照明，机组无法运行	值班巡检人员
	检查确认停电原因，并报告站(班)长	站场值班电工
向上级汇报	站(班)长向所属单位领导进行汇报，同时将现场情况和应急处置情况上报公司应急指挥中心	站(班)长
启动预案	站(班)长根据所属单位领导指示，立即启动应急处置方案	站(班)长
处理措施	检查 UPS 输出端是否正常	值班人员
	1. 注采站注气期处置：所有气动执行机构切换到手动状态，停运压缩机，停止注气，停运空压制氮机等站内设备设施；UPS 供电时间范围内停电，中控室内电气仪表等系统保持正常运行(长时间停电，超出 UPS 供电时间范围，中控室内电气仪表等系统停止运行)； 2. 注采站采气期处置：所有气动执行机构切换到手动状态，停止采气，停运空压制氮机、停运空冷器等站内设备设施；UPS 供电时间范围内停电，中控室内电气仪表等系统保持正常运行(长时间停电，超出 UPS 供电时间范围，中控室内电气仪表等系统停止运行)； 3. 丛式井场：所有执行机构切换到手动状态，UPS 供电时间范围内停电，控制等系统保持正常运行(长时间停电，超出 UPS 供电时间范围，控制等系统停止运行)	值班人员
抢修验漏	查明原因进行抢维修，如果短时间(UPS 供电时间范围内)无法恢复，将 ES-DV 切换到手动状态，关闭所有 BDV 根部阀	供电值班电工、站场值班人员
恢复流程	恢复流程，清理现场，向公司应急指挥中心汇报电力恢复正常	值班人员
注意事项	1. 向各级负责人汇报内容要清晰、具体，做好汇报记录； 2. 采用中控室停运压缩机，流程切换、阀门开关要现场确认，保障万无一失； 3. 操作顺序要正确，按照规定程序执行	值班人员

项目十二　触电事故

步骤	处置措施	责任人
发现有人 触电	收到事故信息，确认有人触电	值班巡检人员
	将现场情况立刻报告站(班)长	值班巡检人员

续表

步骤	处置措施	责任人
站长组织应急人员进行现场救治，将触电人员脱离电源	如开关箱在附近，应急人员可立即拉下闸刀或拔掉插头，断开电源	站场值班人员
	如距离闸刀较远，应急人员应迅速用绝缘良好的电工钳或用干燥木柄的利器（刀、斧、锹等）砍断电线，或用干燥的木棒、竹竿、硬塑料管等物迅速将电线剥离触电者	站场值班人员
	若现场无任何合适的绝缘物可利用，应急人员亦可用几层干燥的衣服将手包裹好，站在干燥的木板上，拉触电者的衣服，使其脱离电源	站场值班人员
	对高压触电，值班员应立即通知有关部门停电，或站内应急人员迅速切断电源	站场值班人员
汇报救援	站（班）长向所属单位领导进行汇报，同时向公司应急指挥中心汇报，并向地方医疗部门求援	站（班）长
触电人员脱离电源后，站长组织应急人员应对触电人员进行对症救治	对触电后神志清醒者，要有专人照顾、观察，情况稳定后，方可正常活动	值班人员
	对触电后无呼吸但心脏有跳动者，应立即采用口对口人工呼吸；对有呼吸但心脏停止跳动者，则应立刻进行胸外心脏挤压法进行抢救	值班人员
	如触电者心跳和呼吸都已停止，则须同时采取人工呼吸和俯卧压背法、仰卧压胸法、心脏挤压法等措施交替进行抢救	值班人员
医疗救护	上述措施做完后，等待医疗救护或将触电者送往医院治疗	值班人员
注意事项	1. 向各级负责人汇报内容要清晰、具体，做好汇报记录； 2. 要快速断电，切记不要盲目施救； 3. 开展人工呼吸等急救时，要严格按照操作要领执行，禁止盲目急救； 4. 要积极配合医疗救护机构开展救治	值班人员

项目十三　食物中毒

步骤	处置措施	责任人
发现异常确认原因	收到事故信息，确认有人食物中毒	值班人员
	检查确认情况，并报告站（班）长	发现事故第一人
向上级汇报	站（班）长向所属单位领导进行汇报，同时将现场情况和应急处置情况上报公司应急指挥中心	站（班）长
启动预案	站（班）长根据所属单位领导指示，立即启动应急处置方案，向地方医疗部门求援	站（班）长
留存样本	留存食物样本交予站长，以待后续化验检查	值班人员
处理措施	对食物中毒者进行简单的救治，如可先用手指、筷子等刺激其舌根部催吐，然后用浓茶水反复洗胃	值班人员
	站内应急人员及时将中毒者送医救治	值班人员

步骤	处置措施	责任人
注意事项	1. 向各级负责人汇报内容要清晰、具体，做好汇报记录； 2. 要留存好食物样本，待医疗机构到达后交予他们处置； 3. 开展急救时，要严格按照操作要领执行，禁止盲目急救； 4. 要积极配合医疗救护机构开展救治	值班人员

项目十四　人员中暑事故

步骤	处置措施	责任人
发现异常确认原因	收到事故信息，确认有人中暑	值班人员
	检查确认情况，并报告站（班）长	发现事故第一人
向上级汇报	站（班）长向所属单位领导进行汇报，同时将现场情况和应急处置情况上报公司应急指挥中心	站（班）长
启动预案	站（班）长根据所属单位领导指示，立即启动应急处置方案，向地方医疗部门求援	站（班）长
处理措施	迅速将有中暑症状的人员移至阴凉、通风的地方，服用中暑药品，同时垫高头部，解开衣扣、腰带，以利呼吸和散热	值班人员
	用冷水毛巾敷头部，或冰袋、冰块置于病人头部、腋窝、大腿根等处，并按摩四肢皮肤，使皮肤血管扩张、加速血液循环，促进散热	值班人员
医疗救护	上述措施做完后等待医疗救护或将中暑者送往医院治疗	值班人员
注意事项	1. 向各级负责人汇报内容要清晰、具体，做好汇报记录； 2. 开展临时急救时，要严格按照操作要领执行，禁止盲目急救； 3. 要积极配合医疗救护机构开展救治； 4. 救治中暑者核心就是降温	值班人员

项目十五　洪汛灾害

步骤	处置措施	责任人
发现有洪涝产生或即将产生	收到事故信息，确认有洪涝产生或即将产生	值班巡检人员
	将现场情况立刻报告站（班）长	值班巡检人员
向上级汇报	站（班）长向所属单位领导进行汇报，同时将现场情况和应急处置情况上报公司应急指挥中心	站（班）长
应急措施	站内要随时检查排水通道，保持畅通，检查站内和站外积水情况，首先要保证建筑单体的安全，可以采用垒石袋的方法先自救；组织人员进行抢险，利用潜水泵向外排水，力保站内防洪工器具齐备，工艺站场及其他设备安全，保证站内设备安全运行，通信保障组保证通信畅通无阻、电力使用正常	站场值班人员
	站场进水浸泡各种电缆、设备等引起供电系统故障、自动控制系统故障，按照对应的应急预案立即抢修，排除故障尽快恢复设备、系统正常运行	站场值班人员
	库房管理员24小时待命，保证应急物资供应	站场值班人员

续表

步骤	处置措施	责任人
汇报救援	势态不可控的情况下向消防部门报警	站(班)长
紧急措施	若站场人员溺水，应及时进行急救并送到就近医疗点	值班人员
	在抢险设备运行区设置警戒区域以免发生人员受伤。在警戒范围内，站场周边的主要道路附近实施警戒	值班人员
	紧急状况下，组长组织站上人员紧急撤离。组织在警戒区范围内与抢险无关的人员疏散	值班人员
外援救护	在站场附近主要道路旁接应消防、医疗等车辆及外部应急增援力量	外援救护人员
注意事项	1. 向各级负责人汇报内容要清晰、具体，做好汇报记录； 2. 在抢险过程中，要注意人身安全，水深超出安全临界后，要开展自救，向站场高部位逃生； 3. 人员发生溺水要开展临时急救，不要盲目急救	值班人员

项目十六　重大地震灾害

步骤	处置措施	责任人
发生地震确认报告	发现室内操作台剧烈抖动，人员站立不稳	值班人员
	检查确认为发生地震，并报告站(班)长	发现地震第一人
向上级汇报	站(班)长向所属单位领导进行汇报，同时将现场情况和应急处置情况上报公司应急指挥中心	站(班)长
启动预案	站(班)长根据所属单位领导指示，立即启动应急处置方案	站(班)长
应急措施	若发现有轻微震感，及时向公司应急指挥中心汇报。确认为破坏性较大地震时，值班人员按下 ESD 一级按钮，实行全站紧急关断放空。ESD 一级关断失效，立即向公司应急指挥中心汇报	值班人员
	势态不可控的情况下向消防队 119、医疗救护 120 报警	值班人员
人员急救	若站场人员发生人身伤害应第一时间采取急救措施	值班人员
警戒	携带便携式可燃气检测仪测试，划定警戒范围；在警戒范围内，站场周边的主要道路附近实施警戒	值班人员
疏散	紧急状况下，组织站上人员紧急撤离。组织在警戒区范围内与抢险无关的人员疏散，清点人数	值班人员
外部救援	在站场附近主要道路旁接应消防、医疗、环境监测等车辆及外部应急增援力量	外部救援人员
注意事项	1. 向各级负责人汇报内容要清晰、具体，做好汇报记录； 2. 在快速撤离前，按下 ESD 一级关断按钮； 3. 积极协助和配合外部应急增援力量开展救灾	值班人员

项目十七 高处坠落

步骤	处置措施	责任人
发现有人高处坠落	收到事故信息，确认有人高处坠落	值班巡检人员
	大声呼救，并将现场情况立刻报告站(班)长	值班巡检人员
向上级汇报	站(班)长向所属单位领导进行汇报，同时将现场情况和应急处置情况上报公司应急指挥中心	站(班)长
处置措施	若坠落人员为轻伤，现场人员采取防止受伤人员大量失血、休克、昏迷等紧急救护措施，并将受伤人员脱离危险地段，拨打120急救电话，并详细说明事故地点、受伤部位、严重程度、联系电话，并派人到路口接应。救援人员到达现场后，协助医务人员实施各项救护措施	站场值班人员
	若坠落人员处于昏迷状态但呼吸心跳未停止，应立即进行人工呼吸，同时进行胸外按压，急救者位于伤员一侧，托起受害者下颌，捏住受害者鼻孔，深吸一口气，往伤员嘴里缓缓吹气，待其胸廓稍有抬起时，放松其鼻孔，并用一手压其胸部以助呼吸，反复并有节律地(每分钟吹16~20次)进行，直至恢复呼吸为止	站场值班人员
	如受伤者心跳已停止，应先进行胸外心脏按压，让受害者仰卧，头稍后仰，急救者位于受害者一侧，面对受害者，右手掌平放在其胸骨下段，左手放在右手臂上，借急救者身体重量缓缓用力，不能用力太猛，以防骨折，然后松手腕(手不离开胸骨)使胸骨复原，反复有节律地(每分钟60~80次)进行，直到心跳恢复为止	站场值班人员
	对高压触电，值班员应立即通知有关部门停电，或站内应急人员迅速切断电源	站场值班人员
医疗救护	以上施救过程在救援人员到达现场后结束，工作人员应配合救援人员进行救治	值班人员
注意事项	1. 向各级汇报要迅速，内容要清晰、具体，做好汇报记录； 2. 对受伤者不要随意挪动； 3. 开展人工呼吸等急救时，要严格按照操作要领执行，禁止盲目急救； 4. 要积极配合医疗救护机构开展救治	值班人员

附录1 不同厂家球阀维护保养方法

1 阀门维护保养内容

1.1 周期性地检查阀门的密封性，通过排污嘴检查，若有内漏，按内漏处理程序进行处理；

1.2 适时地向阀座注入一定量的新鲜润滑脂，注入量和频率依照阀门活动频繁程度而定。一般当阀门活动一次后，要适量注入润滑脂，每次注入量为密封系统容积的1/8，目的是最大程度地避免管道内的杂质进入阀座后腔，影响阀座运动，从而导致密封失效，同时保证密封面时刻处于"湿润"状态；

1.3 对很少活动的阀门，每年至少活动1次，同时注入适量的润滑脂，避免球体和阀座胶合，同时也可避免球体活动时干磨，保护阀座和球体；

1.4 入冬前对球阀进行全面维护和保养，重点要排掉阀腔内和执行机构内的水，避免冬天冻结，影响正常功能；

1.5 每年更换1次齿轮传动机构内的润滑脂；

1.6 定期检查阀径密封，一旦出现外漏，要及时处理；

1.7 清除锈蚀，对外部进行维护。

2 不同厂家球阀维护保养的特殊维护保养方法详见附件

2.1 附件1——兰州高压球阀维护保养方法。

2.2 附件2——成都成高球阀维护保养方法。

2.3 附件3——自贡高压球阀维护保养方法。

2.4 附件4——MSA球阀维护保养方法。

2.5 附件5——轨道式球阀维护保养方法。

2.6 附件6——耐莱斯球阀维护保养方法。

2.7 附件7——喀麦隆球阀维护保养方法。

2.8 附件8——舒克球阀维护保养方法。

附件1 兰州高压球阀维护保养方法

1 阀门的开关时间必须严格按照以下要求进行

1.1 阀门开启最短时间(s)：0.5×球阀公称直径(英寸)。

1.2 阀门开启最长时间(s)：5×球阀公称直径(英寸)。

例如：

DN 200(8in)阀门的最快开启时间不得少于 0.5×8 =4s；

DN 200(8in)阀门的最长开启时间不得大于 5×8 =40s。

2 阀门的操作要轻缓，防止杂音、振动和泄漏确认阀门的开关方向和指示指针的方向一致，阀门在开关到位时切忌过力操作，严禁使用加力工具操作。对于蜗轮蜗杆操作的阀门，在开关到位后再反方向回转1/4圈。

3　球阀在半开位状态的最大停留时间严禁超过24h

如果在半开位状态时间过长，由于阀座两点受力，可能会引起阀座密封材料的永久变形，从而导致阀座永久性损伤。

4　放空和排污时的注意事项

4.1　球阀只能在全开或全关位置进行放空和排污，严禁在半开位打开放空和排污阀门，避免造成人员伤害；

4.2　操作者需要注意排污和放空口的位置，防止阀门和排放管线内的碎屑及介质高速泄放伤人；

4.3　快速且连续开启或关闭排污阀和放空阀，排污阀和放空阀处于半开位的时间过长会损坏其密封性能。

5　在球阀的使用过程中需要对球阀的状况进行定期检查和维护

如：拧紧任何因振动影响而松动的螺栓，检查排污、放空、密封脂注入等附件状态。

6　按计划对球阀进行排污，可以有效地防止杂质对球阀的损坏，建议每年将球阀的排污口排放1~2次。在以下情况下对球阀进行排污

6.1　在每年入冬之前；

6.2　在计划停用(检修)时；

6.3　水压试验之后；

6.4　清洗管线之后。

7　对于很少活动的球阀，每年至少操作1~2次，每次操作时将球阀进行多次开关，以消除聚集在阀座表面的沉积物，避免阀座与球体胶合

8　对球阀的阀座和阀杆密封部位注入润滑密封脂。在正常运行条件下，球阀不需要使用密封脂

8.1　当阀的密封部位由于擦伤而引起泄漏时，通过注脂阀注入密封脂，可起到短时间的密封作用；

8.2　球阀阀座注入密封脂后，需要将球体转动3~4次，使密封脂均匀分布在整个阀座环线上；

8.3　球阀阀杆注入密封脂后，也应将其转动1~2次，密封脂注入完成后，必须将注脂管件恢复到原来的状态。

9　蜗轮蜗杆操作的阀门，需要每隔半年进行一次检查

9.1　将蜗轮箱箱体上部的螺栓松开，取下箱体上盖，清除里面旧的润滑脂、杂质或积水，重新添加润滑脂，转动蜗轮蜗杆使润滑均匀，盖上上盖，拧紧螺栓。

10　密封脂及注脂设备的选型

10.1　采用7903密封油脂(密封脂能抗老化、抗腐蚀性)；

10.2　生产厂家：中石化重庆一坪润滑油总公司；

10.3　注脂枪型号：YQ41河北承德机械厂。

11　阀门清洗液、密封脂的注入量(表1-1)

表 1 - 1   阀门清洗液、密封脂的注入量

阀门尺寸/英寸	清洗液/盎司	密封脂/盎司
2	5	5
3	7	7
4	9	9
6	13	13
8	17	17
10	21	21
12	26	26
14	30	30
16	34	34
18	38	38
20	43	43

注：1 盎司 = 28.5 克。

附件 2   成都成高球阀维护保养方法(hR 系列锻钢球阀，如图 1 - 1 所示)

图 1 - 1   成都成高球阀

1   故障处理

1.1   填料密封部。

若填料部有微量渗漏，在不影响扭矩的条件下，适当拧紧填料压盖螺栓。重新拧紧仍不能止住泄漏时，拆开阀门，检查填料，确认有无异常，若填料损坏则需更换。大部分固定球式球阀上密封都采用 O 形圈密封，这种情况下发生上密封泄漏，则需更换 O 形圈。

1.2   阀体密封部。

阀体和左体的结合部采用了垫片或 O 形圈，如有渗漏时，拧紧结合部螺母。若仍有泄漏，则需拆开阀门，检查垫片或 O 形圈，如损坏则更换。

1.3   阀座密封部。

当球阀阀座上出现泄漏时，将球阀分解，检查球体、阀座、O 形圈(U 形圈)有无损伤或变形，如有损伤或变形，应更换相应零件。更换阀座、O 形圈或球体时，注意不要让异物进入阀体内腔。

1.4   底盖密封部。

底盖处若出现泄漏，拧紧底盖螺栓，拧紧底盖螺栓还不能止住泄漏时，应松开底盖螺栓，取下垫片或 O 形圈，检查垫片或 O 形圈有无损伤，如有损伤，则需更换。

2   维修后的调整

2.1   调整开的位置：松开相应的调节螺栓，将阀门置于全开位置，然后拧紧相应的调节螺栓；

2.2   调整关的位置：松开相应的调节螺栓，将阀门置于全关位置，然后拧紧相应的调节螺栓。

3　使用注意事项

3.1　不要将阀门长时间($t \leqslant 120\text{min}$)置于半开状态,应使阀门开、关到位,以免损伤阀座密封性能;

3.2　阀杆上的弹性挡圈,当阀门口径<3in时起限制限位块或手柄的作用,当阀门口径≥3in时起限制限位块的作用;

3.3　维修过程中,要均匀地拧紧阀门上的所有连接件,以免产生附加应力;

3.4　检修时,勿将填料的方向装反,以免造成填料部泄漏;

3.5　维修过程中避免将阀座密封面、球体密封面、阀杆密封面划伤。

4　清洗液、密封脂的选用及注入量的确定

4.1　推荐采用7903密封脂;

4.2　阀门清洗液、密封脂的注入量见表1-2。

表1-2　阀门清洗液、密封脂的注入量

阀门尺寸/英寸	清洗液/盎司	密封脂/盎司
2	5	5
3	7	7
4	9	9
6	13	13
8	17	17
10	21	21
12	26	26
14	30	30
16	34	34
18	38	38
20	43	43

附件3　自贡高压球阀维护保养方法

1　常规保养

1.1　每半年检查一次阀门的密封;

1.2　每半年对阀门清洗、注脂一次。

2　排污及保养

阀门的排污工作一般在霜冻期开始前。

2.1　排污步骤。

2.1.1　打开排污阀排干聚集的水或凝结物;

2.1.2　关闭排污阀。

2.2　每年入冬前的润滑维护。

2.2.1　按照规定量注入阀门清洗液,使清洗液在阀门中保留1~2天;

2.2.2　排净清洗液后,按照规定量注入阀门润滑脂(每次注入量为密封系统容积的1/8),开关阀门2~3次,使润滑脂均匀涂抹于球体;

2.2.3　通过阀门排污口,检查阀门是否存在内漏;

2.2.4 内漏的处理，按常规方法进行。

3 故障及故障排除

参见球阀常见故障及处理方法。

4 阀门清洗液和密封脂的注入量（表1-3）。

表1-3 阀门清洗液、密封脂的注入量

阀门尺寸/英寸	清洗液/盎司	密封脂/盎司
2	5	5
3	7	7
4	9	9
6	13	13
8	17	17
10	21	21
12	26	26
14	30	30
16	34	34
18	38	38
20	43	43
22	—	—
24	51	51
26	—	—
28	60	60
30	64	64
34	—	—
36	76	76
40	85	85
42	89	89

附件4 MSA 球阀（图1-2）维护保养方法

图1-2 MSA 球阀

1 MSA 特性

MSA 球阀带有双阻塞与排放功能（DBB），阀门有两个密封面，在阀门全开和全关时均可以截断流体进入球阀体腔。球阀在全开或全关位置均可以在线带压下排放，球阀任何一边均能够承受全压差。

2 常见故障及处理

2.1 球阀阀座密封不严。

2.1.1 当球阀是 DPE 型（双活塞功能＝双密封）时，需要检测球阀出口是否有泄漏。如果只是从球阀中间位置（腔体）检测到泄漏，即只有一侧密封失效时，无须对球阀进行维修；

2.1.2 当球阀不是 DPE 型且只有一个阀座密封失效

时，通过密封脂注入装置，注入柴油或煤油对阀座进行清洗，清洗后未解决，则需注入密封脂，直到不漏为止（注：MSA 球阀密封脂的注入压力不得超过阀门公称压力的 3 倍）；

2.1.3　当两个阀座密封都失效时，需要检查执行机构的调节是否停在开 – 关位置。如果调整以后，密封不严仍然存在，则通过密封脂注入装置使用柴油或煤油对阀座进行清洗，清洗后注入密封脂，如仍未解决，联系厂家技术人员维修。

2.2　球阀耳轴泄漏。

若地上球阀的密封不严，会从第三法兰面上或从执行机构及调节机构的开口处显现，需更换上部密封"O"形环。

2.3　附属管线的小球阀密封不严。

2.3.1　密封不严时反复采用吹通的方法以清除在密封部位留存的杂质，如果依然泄漏，则必须更换新的小球阀；

2.3.2　若排污管线或放空管线装有两个或两个以上的截断阀，此时的泄漏可认为是所有的截断阀均在泄漏。

3　维护保养方法

MSA 球阀其他维护保养方法，按常规方法进行。

4　密封脂的选用

MSA 球阀密封脂选用 FUCHS 生产的 RENOLIT 密封脂（早期的商品名叫 RENEX）。

5　清洗液、密封脂注入量的确定（表 1 – 4）

表 1 – 4　阀门清洗液、密封脂的注入量

阀门尺寸/英寸	清洗液/克	密封脂/克
100×80	35	65
150×100	50	100
200×150	65	130
250×200	80	160
350×300	140	280
400×300	140	280
450×350	160	320

附件 5　轨道式球阀（图 1 – 3）的维护保养方法

1　轨道式球阀的检查

1.1　检查阀门及各密封点是否存在内漏和外漏，阀门应保持零泄漏；

1.2　活动阀门，检查阀门操作是否轻便；

1.3　如阀门带有执行器，则按照执行器有关规程检查执行器及相关部件。

2　轨道式球阀的保养和检修

2.1　轨道式球阀每年至少润滑 1 次；

2.2　发现阀杆泄漏时则需要润滑；

2.3　若阀门每天至少操作 1 次时，一年润滑 4 次；

图 1-3　轨道式球阀

2.4　当每天操作次数多于 10 次时，每开关 1000 次润滑 1 次；

2.5　若阀门被应用于腐蚀和其他特殊工况且每天操作次数多于 10 次时，每开关 500 次润滑 1 次；

2.6　润滑位置：阀杆和轴承上部的润滑嘴和位于阀径下部的底部润滑嘴；

2.7　压动注脂枪 2~5 次，将润滑脂注入活动件中，全开关阀门 2~3 次。

3　轨道式球阀内漏的检查和处理

3.1　内漏的检查：通过下游管道的压力变化或通过阀座部位的放空注脂阀组检查，轨道式球阀应达到零泄漏。

3.2　内漏的处理。

3.2.1　检查阀门是否全关；

3.2.2　在阀门前后建立 0.2~0.3MPa 的压差，在存在压差情况下开启阀门；

3.2.3　重复上部 2~3 次，检查阀门是否仍存在内漏；

3.2.4　若阀门仍存在内漏，使用手动注脂枪注入阀门密封脂直至阀门泄漏停止；

3.2.5　若仍不能消除内漏，说明阀座或球体密封面已存在较严重的损伤，需要维修、更换。

3.2.6　注意事项。

(1) 如果阀门无内漏，则不需要在阀座处注入任何密封脂；

(2) 采用注入密封脂辅助密封的阀门无法通过放空注脂阀组检查阀门的内漏。

4　轨道式球阀阀杆盘根的添加和更换

4.1　当阀门阀杆上部外漏时需要添加或更换阀杆盘根。

4.2　可注入式盘根的添加。

4.2.1　用扳手将添加盘根的螺钉顺时针旋转，注意观察阀门阀杆处的泄漏情况，当泄漏停止时即停止旋转；

4.2.2　如果可添加盘根用尽，将添加螺钉取下，重新添加；

4.2.3　取下螺钉时小心缓慢操作，确认球形止回阀没有泄漏时才能将螺钉取下。

4.2.4　压盖式盘根的处理

(1) 带有压盖套的阀门先将压盖套拆下；

(2) 用扳手拧紧压盖螺栓，注意观察泄漏情况，当泄漏停止时即停止压紧；

(3) 压盖两端螺栓的调节量必须相同。

5　注意事项

5.1　在任何情况下，禁止带压拆除阀门受压部位的零件；

5.2　密封脂和润滑脂的使用不应过多，达到密封和润滑效果即可。

6   推荐使用的润滑剂

6.1   推荐使用高质量的锂基润滑脂；

6.2   对于低温阀门推荐使用低温润滑脂。

7   密封脂的选用

轨道式球阀所用的密封脂厂家未作指定，使用常用的密封脂即可。

附件6   耐莱斯球阀(图1-4)维护保养方法

图1-4   耐莱斯球阀

1   耐莱斯球阀维护保养

SNJ 的 G 系列 W 型全焊阀体固定球阀需要较少的维修和保养。为了延长阀门的使用寿命，应执行下述的维护程序。

1.1   正确操作阀门是日常维护的重要部分。

1.2   阀门具有 DBB(双截断和排泄)功能。当阀门关闭时，球体两侧的压力通过阀座截断阀腔内的介质压力；

1.3   阀门的排泄阀有一个排泄孔，操作人员应熟知排出口的方向。排放时，阀门或排泄阀内的任何杂物会高速喷出；

1.4   如有必要，拧紧排泄阀，改变排泄孔的朝向；

1.5   禁止阀门处在全开或部分开启的位置进行截断和操作。

2   阀座的定期清洁操作

2.1   检查阀座注脂阀、阀杆注脂阀(不要将清洗剂注入该阀内)、阀体或排泄阀；

2.2   选用规定的清洗剂；

2.3   对阀座注入清洗剂，如果阀门已经进行了第一次养护，而且已超出两年，应按以下程序执行：

2.3.1   确保阀门安全运行，全开、全关操作阀门三次；

2.3.2   确保阀门处在准确的位置，清洁阀门的注脂阀；

2.3.3   浸泡 1~6h，使清洗液渗入积聚物和垃圾内。

3 排污时，如阀门出现内漏，按如下方法处理

3.1 确定阀门处于全关位置；

3.2 利用注脂孔向每个阀座注入满量的密封脂；

3.3 反复操作阀门 2~3 次后回到全关位置；

3.4 如仍未解决，则需注入严重泄漏密封脂（Sealweld #5050）。

4 密封脂注入量的确定（表1-5）

表1-5 阀门密封脂注入量

阀门口径	用量/cm^3/阀座	用量/cm^3/阀门
6in（DN150）	70	140
8in（DN200）	85	170
10in（DN250）	95	190
12in（DN300）	145	290
14in（DN350）	165	330
16in（DN400）	180	355
18in（DN450）	275	535
20in（DN500）	305	605
22in（DN550）	340	675
24in（DN600）	365	720
26in（DN650）	415	805
28in（DN700）	420	820
30in（DN750）	460	905
32in（DN800）	495	970
34in（DN850）	515	1015
36in（DN900）	635	1260
40in（DN1000）	915	1820

5 清洗液、密封脂的选用

5.1 以下推荐的密封脂是由 Sealweld 公司生产；

5.2 VC PLUS 清洗液是一种对环境无害的清洗液，用于阀门的开关困难和密封不严密的状况；

5.3 E-80 润滑脂是一种多用途防磨润滑脂，注入后能保护密封面，并且降低操作扭矩，延长阀门的使用寿命；

5.4 Total Lube 911 是一种可靠的高级润滑/密封脂，含有 PTFE 微粒，适用于解决球阀微泄漏的问题，可封堵 0.254mm 以下的漏道；

5.5 Sealweld #5050 密封脂是一种适用于较大泄漏场合的密封脂，其中含有 PTFE 的基质，可封堵 0.762 mm 以下球阀阀座的漏道。

附件7　喀麦隆球阀(图1-5)维护保养方法

图1-5　喀麦隆球阀

1　喀麦隆球阀的操作时间

1.1　快速打开或关闭阀门会导致阀门扭曲负荷过大。因此有必要限定阀门的操作时间以保护阀门不受过应力的损坏。

1.2　快速操作时间。

快速操作时间=阀球公称尺寸/2

1.3　最长操作时间。

最长操作时间=5×阀门公称球口尺寸(例如：1in公称球口尺寸1min)，时间单位为s，球口尺寸单位为in。

2　阀门的维护保养

2.1　操作是阀门日常维护的重要部分。阀门操作有利于消除聚集在阀座表面或阀球表面的杂质，阀门每次操作均可使阀座环旋转15°，并均匀分布对阀座内嵌体的磨损。

2.2　每半年维护保养一次。

2.3　清洗阀门程序，见表1-6。

表1-6　清洗阀门程序

步骤	程序
1. 检查阀门	1. 阀座注脂嘴； 2. 阀杆注脂嘴(请勿向此嘴注入)； 3. 阀体/排放嘴
2. 检查设备	确保注脂枪/泵工作状态良好且已装入适当的产品
3. 注入清洗液	通过阀座注脂口向每个阀座注入足量的清洗液
4. 操作阀门	确保安全操作阀门，开关动作阀门3次
5. 注入清洗液	通过阀座注脂口向每个阀座注入足量的清洗液
6. 让阀门充分浸湿	等待1~6h，让清洗(洁)液渗透阻塞和污物处
7. 测试阀门	1. 对阀门进行排污； 2. 如果阀门的排放不能停止，请注入密封脂

2.4 注入密封脂程序，见表 1-7。

表 1-7 阀门注密封脂程序

步骤	程序
1. 准备步骤	1. 进行注脂前，应确认已进行泄漏检查，找出阀座泄漏的原因； 2. 在注脂前，先清洗阀门
2. 验证阀门的位置	利用阀位观察孔确认阀门处于全关位
3. 注入标准密封脂	通过阀座注脂口向每个阀座注入足量的密封脂
4. 测试阀门	1. 关断和排放阀门； 2. 如果阀门的排放不能停止，请继续下一步
5. 操作阀门	1. 操作阀门到全开位置； 2. 用阀位观察孔验证阀门的位置
6. 注入标准密封脂	通过阀座注脂口，向每个阀座注入 1/2 量的密封脂
7. 测试阀门	1. 关断和排放阀门； 2. 如果阀门的排放不能停止，请继续下一步； 3. 如果阀门在开位时不泄漏，仅在关位时泄漏 ——阀门没有处于全关位； ——球体可能损坏
8. 操作阀门	完成阀门开/关循环 6 次，然后把阀门返回全关位
9. 注入标准密封脂	通过阀座注脂口，向每个阀座注入 1/2 量的密封脂
10. 测试阀门	1. 关断和排放阀门； 2. 如果阀门的排放不能停止，请继续下一步
11. 注入加强级密封脂	通过阀座注脂口，向每个阀座注入足量的密封脂
12. 测试阀门	1. 关断和排放阀门； 2. 如果阀门的排放不能停止，请继续下一步
13. 操作阀门	完成阀门开/关循环 3 次，然后把阀门返回全关位
14. 注入加强级密封脂	通过阀座注脂口，向每个阀座注入 1/2 量的密封脂
15. 测试阀门	1. 关断和排放阀门； 2. 如果阀门的排放不能停止，请继续下一步
16. 联系卡麦隆阀门厂家	联系卡麦隆阀门厂家时，提供以下信息：－阀门尺寸 －阀门装配号 －阀门压力磅级 －生产日期－系列号

注：管道实际运行压力＜注脂枪注入压力＜4000psi。

3 清洗液/密封脂选型及用量确定

3.1 清洗液/密封脂选型，见表 1-8。

3.2 清洗液/密封脂用量，见表 1-9。

3.3 注脂加长管清洗液/密封脂用量，见表 1-10。

表1-8　清洗液/密封脂选型

产品	操作条件	清洗液/密封脂制造商		
		Val - Tex	Sealweld	Lubchem
天然气	清洗液	Valve Flush	Valve Cleaner	Valve Saver
	标准阀门润滑脂	2000 Light Flush	EQ80	Lubchem "50 - 400"
	标准密封脂	8　bulk/80 - HS Stick	Total Lube 911	Everlast No. 1
	标准低温	50 bulk/ stick	Winterlub 7030	Everlast No. 1　AG
	加强级密封脂	80 + PTFE bulk /stick	Sealweld #5050	Formasil RS

表1-9　清洗液/密封脂用量

阀门尺寸	每个阀座注入量/oz	每台阀门注入量/oz	每个阀座注入量/cm³	每个阀门注入量/cm³
20in	10	20	295	585
22in	11	22	330	655
32in	17	34	495	990
40in	32	64	960	1920

表1-10　清洗液/密封脂用量

加长管尺寸	管外径	密封脂用量/(oz/ft)	单位管长/(cm³/m)
1/4in(6mm)	0.540in(13.7mm)	0.5	46
1/2in(12mm)	0.840in(21.3mm)	1.6	150

附件8　舒克球阀维护保养方法(图1-6)

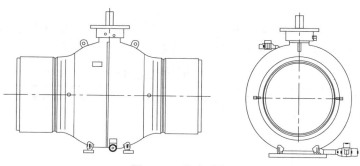

图1-6　舒克球阀

1　常规保养(舒克公司的 G/SMK 型球阀基本上是免维护的)

1.1　定期检查外部的密封和内部的防腐保护。

1.2　阀门的功能测试(至少一年一次)。

1.2.1　完全操作球阀一次,以进行功能测试。

1.2.2　必须平稳均匀地转过整个操作行程,无颠簸且无明显噪声。

1.2.3　如果阀门无法完全关闭,只要关闭球阀大约25%,然后立即完全开启即可。

2 排污及保养

阀门的排污工作一般在霜冻期开始前进行。

2.1 排污操作。

2.1.1 打开排污阀排干聚集的水或凝结物。如果阀门不存在内漏现象，应无介质流出，对于较大的阀门，这一过程要持续 15min 左右。

2.1.2 关闭排污阀。

2.2 每年入冬前进行润滑维护。

2.2.1 按照规定量注入阀门清洗液，使清洗液在阀门中保留 1~2d。

2.2.2 按照规定量注入阀门润滑脂，开关阀门 2~3 次，使润滑脂均匀涂抹于球体。

2.2.3 通过阀门排污口，检查阀门是否存在内漏。

3 故障及排除，见表 1-11

表 1-11　故障分析与处理

故障	原因	处理方法
阀座泄漏	驱动器(执行机构)末端失准	重新校准执行机构(执行机构操作手册)
	存在杂质	全程操作球阀几次
		注入次级密封脂
操纵杆泄漏	密封磨损	注入次级密封脂
		更换操纵杆密封
球阀无法开启/关闭	驱动器(执行机构)	检查执行机构是否运行
	距离/扭矩值设定错误	检查距离/扭矩值的设定，必要时进行校准

4 密封要求

4.1 G/SMK 型球阀可以选择性地配备次级密封脂注入装置以便在紧急时刻能防止泄漏。

4.2 若注入次级密封脂，使用适合于操作介质、温度和压力的密封脂(表 1-12)。

4.3 埋地安装的阀门，每米密封杆另外需要 $70cm^3$ 的密封胶。

表 1-12　密封脂及其用量

NPS	DN	阀座密封脂所需数量/cm^3	阀杆密封脂所需数量/cm^3
3	80	40	5
4	100	60	5
6	150	80	7
8	200	100	8
10	250	120	10
12	300	160	11
14	350	180	25
16	400	190	30
18	450	210	35

续表

NPS	DN	阀座密封脂所需数量/cm³	阀杆密封脂所需数量/cm³
20	500	240	35
24	600	280	40
28	700	400	50
30	750	430	50
32	800	460	55
36	900	540	55
40	1000	610	65
44	1100	750	70
48	1200	820	80
52	1300	880	80
56	1400	960	90
60	1500	1000	100

附录2 储气库运行岗位员工学习导图

职位层级	工作职责	能力要求	内容模块	学习导航（单元-模块-项目）
初级工	1.1 负责站场巡检及交接工作	1.1.1 具备站场巡检及问题发现能力	1.1.1.1 场站巡检基本工作流程与方法	2-5-1
			1.1.1.2 场站巡检中的工作要点及应注意的相关事项	2-5-1
		1.1.2 具备对运行状态的判断能力	1.1.2.1 储气库概述	单元1
			1.1.2.2 场站各系统运行状态分析	2-5-1
		1.1.3 具备资料报表准确填报的能力	1.1.3.1 生产运行报表的填写	2-5-2
		1.1.4 具备岗位工作交接的能力	1.1.4.1 交接班内容及要素	2-5-3
	1.2 严格执行上级调控中心指令	1.2.1 具备对自控设备仪表实施操作的能力	1.2.1.1 DCS系统HMI画面操作	3-1-1
			1.2.1.2 SIS系统HMI画面操作	3-1-2
			1.2.1.3 电液井口安全控制系统开关操作	3-1-3
			1.2.1.4 气/液动自控设备日常性开关操作	3-1-4~18
			1.2.1.5 压力表日常性操作	3-2-8
		1.2.2 具备机械设备启停操作能力	1.2.2.1 机械设备启停操作前的准备与检查	3-11-1~4
			1.2.2.2 机械设备启停操作基本工作流程与操作要点	
			1.2.2.3 机械设备启停安全注意事项	
		1.2.3 具备开关井、站场一般启停作业能力	1.2.3.1 开关井、站场启停操作前的准备与检查	2-1-5~8 2-2-1~4
			1.2.3.2 开关井、站场启停操作基本工作流程与操作要点	
			1.2.3.3 开关井、站场启停运操作突发事件的应急处理	

续表

职位层级	工作职责	能力要求	内容模块	学习导航 （单元 - 模块 - 项目）
初级工	1.3 完成本岗位设备操作	1.3.1 具备完成设备日常操作能力	1.3.1.1 站场排污作业	2 - 4 - 1 ~ 3
			1.3.1.2 站场手动放空作业	2 - 3 - 1
			1.3.1.3 手动阀门操作	3 - 15 - 1 ~ 5
	1.4 参与设备日常维护保养	1.4.1 具备配合完成设备维护保养能力	1.4.1.1 注脂枪、泵操作	3 - 16 - 1 ~ 2
			1.4.1.2 阀门排污操作	3 - 16 - 3
			1.4.1.3 阀门常规保养	3 - 16 - 4
	1.5 参加岗位各项安全活动	1.5.1 具备应急处置能力	1.5.1.1 佩戴正压式空气呼吸器	4 - 2 - 1
			1.5.1.2 常用灭火器材的使用	4 - 1 - 1 ~ 3
			1.5.1.3 现场急救处置	4 - 2 - 2 ~ 4
		1.5.3 具备参与应急演练能力	1.5.3.1 岗位应急预案的主要内容	4 - 3 - 1 ~ 17
			1.5.3.2 岗位应急预案的汇报与处置程序	
中级工	2.1 负责执行调控中心令及参数调整	2.1.1 具备站场阀门识别能力	2.1.1.1 储气库常见阀门类型及识别	3 - 1 - 3 ~ 17
		2.1.2 具备理解上级调控中心令能力	2.1.2.1 对执行上级调控中心令情况的汇报与反馈	
		2.1.3 具备调整运行参数能力	2.1.3.1 站场生产运行参数的调整	3 - 1 - 1
			2.1.3.2 站场生产运行参数调整中注意事项及问题处理	
	2.2 负责站场流程切换操作	2.2.1 具备大型工艺流程切换能力	2.2.1.1 站场流程切换基本知识	2 - 1 - 1 ~ 4
			2.2.1.2 站场流程切换操作方法	
			2.2.1.3 站场流程切换应注意的操作要点与安全注意事项	
			2.2.1.4 站场流程切换操作过程中突发事件的应急处理	
		2.2.2 具备站场放空作业能力	2.2.2.1 站场放空作业	2 - 3 - 1 ~ 2
			2.2.2.2 放空火炬操作	3 - 6 - 1 ~ 2
			2.2.2.3 放空作业操作注意事项	
			2.2.2.4 放空作业中突发情况的应急处理	

职位层级	工作职责	能力要求	内容模块	学习导航（单元－模块－项目）
中级工	2.2 负责站场流程切换操作	2.2.3 具备站场排污作业能力	2.2.3.1 站场排污操作基本工作流程及施工操作要求	2－4－1～3
			2.2.3.2 站场排污的具体操作	
			2.2.3.3 站场排污操作过程中常见问题及操作注意事项	
			2.2.3.4 站场排污操作过程中突发事件及处理	
	2.3 负责站控数据观测与分析	2.3.1 具备设备技术性维护操作能力	2.3.1.1 仪表拆卸安装操作	3－2－2、3、4、5、6、8、9、10
			2.3.1.2 脱水装置设备清洗、碱洗、开车等维护操作	3－3－1～5
			2.3.1.3 自用撬投运与维护	3－4－1～3
			2.3.1.4 气/液动自控设备及仪表检查与维护操作	3－1－3～18
		2.3.2 具备站控数据观测能力	2.3.2.1 站控数据观测与记录	3－1－1～2
			2.3.2.2 观测不同站控数据的注意事项	
		2.3.3 具备生产数据变化分析能力	2.3.3.1 站控数据变化对生产运行的影响	3－1－1～2
			2.3.3.2 站控数据变化的分析方法与应用	
	2.4 负责通信系统检查与操作	2.4.1 具备通信系统操作能力	2.4.1.1 周界安防系统操作与维护	3－9－1
			2.4.1.2 视频会议终端操作	3－9－2
	2.5 负责管道监测与维护	2.5.1 具备仪器仪表操作及异常分析处理能力	2.5.1.1 设备启停操作	3－12－1
			2.5.1.2 仪器仪表操作及数据分析	3－12－2～5
	2.6 参加事故应急处置演练	2.6.1 具备应急响应及处置能力	2.6.1.1 站场 ESD 流程恢复	2－1－8
			2.6.1.2 站场仪表风系统操作	3－11－1～5
			2.6.1.3 站场级应急预案处置	4－3－1～17
高级工	3.1 负责本岗位安全生产工作	3.1.1 具备较高水平操作能力	3.1.1.1 站场火气系统操作与维护	3－5－1～5
			3.1.1.2 站场电气系统操作与维护	3－10－1～4
			3.1.1.3 压缩机组启停操作	3－13－1～3

职位层级	工作职责	能力要求	内容模块		学习导航（单元 - 模块 - 项目）
高级工	3.1　负责本岗位安全生产工作	3.1.2　具备简单故障排除能力	3.1.2.1	站场报警装置处理和恢复	2 - 1 - 8
		3.1.3　具备分析生产安全常见问题能力	3.1.3.1	储气库运行中突发事件及联合应急处置	4 - 3 - 1 ~ 17
	3.2　负责新工艺、新技术的应用	3.2.1　具备应用新工艺、新技术能力	3.2.1.1	分离器、再生撬、站场阀门结构原理及生产工艺	3 - 7 - 1 ~ 3
			3.2.1.2	信息化技术应用	
			3.2.1.3	储气库运行中的技术创新与成果推广应用	
	3.3　负责师带徒工作的实施	3.3.1　具备独立授课能力	3.3.1.1	常用授课方法与技巧	
			3.3.1.2	常用授课课件制作技术	
			3.3.1.3	课程设计及教案编写	
		3.3.2　具备制定师带徒计划的能力	3.3.2.1	师带徒计划的主要内容	
			3.3.2.2	师带徒计划制定的工作流程	
			3.3.2.3	师带徒计划的实施与落实	
		3.3.3　具备对徒弟实施现场指导能力	3.3.3.1	现场指导常用方法	
			3.3.3.2	现场工作质量评价及问题梳理	
			3.3.3.3	对徒弟实施现场指导应注意的事项	
技师	4.1　负责参与制度、方案的制定和修改	4.1.1　具备参与起草与修改规章制度的能力	4.1.1.1	常用规章制度类型及各类制度主要内容	
			4.1.1.2	规章制度的起草与发布	
			4.1.1.3	起草规章制度应注意的事项与要求	
			4.1.1.4	规章制度的修改与完善	
		4.1.2　具备参与操作规程与技术方案的能力	4.1.2.1	储气库场站各类设备技术操作规程	
			4.4.2.2	储气库场站检维修方案编写	
		4.1.3　具备疑难问题分析处理能力	4.1.3.1	阀门疑难问题处理	
			4.1.3.2	污水处理装置故障分析处理	
		4.1.4　具备参与应急方案的编写起草能力	4.1.4.1	储气库场站应急方案编写	
			4.1.4.2	储气库场站常见故障排除方法编写	

续表

职位层级	工作职责	能力要求	内容模块	学习导航 （单元－模块－项目）
技师	4.2 负责安全操作技能培训工作	4.2.1 具备电脑基本操作能力	4.2.1.1 利用网络查询资料、信息	
			4.2.1.2 Word 文档中插入表格、图片	
			4.2.1.3 Excel 制作表格及数据录入	
			4.2.1.4 收发电子邮件	
		4.2.2 具备员工培训能力	4.2.2.1 基层班组员工培训需求调研与分析	
			4.2.2.2 员工培训教案编写	
			4.2.2.3 员工现场培训活动组织实施	
		4.2.3 具备组织安全培训能力	4.2.3.1 安全取证培训需求统计	
			4.2.3.2 安全取证培训的协调与处理	
			4.2.3.3 生产现场安全培训活动组织	
			4.2.3.4 如何利用班组四会强化安全培训	
	4.3 负责创新、创效活动组织实施	4.3.1 具备实施质量管理的能力	4.3.1.1 质量管理相关知识	
			4.3.1.2 开展质量管理的工作流程与操作	
			4.3.1.3 开展储气库场站岗位质量管理工作的工作要点与注意事项	
		4.3.2 具备组织开展创新活动能力	4.3.2.1 创新、创效活动的组织与实施	
			4.3.2.2 创新、创效工作中常用创新方法	
			4.3.2.3 储气库场站岗位开展创新、创效的途径与切入点	
	4.4 负责工作危害分析及风险识别	4.4.1 具备工作危害识别与分析能力	4.4.1.1 储气库场站常见危险源及识别方法	
			4.4.1.2 储气库场站危险源的分析与确认	
			4.4.1.3 储气库场站常见危险源的削减措施	
		4.4.2 具备安全生产风险消除能力	4.4.2.1 企业生产安全风险分析有关要求	
			4.4.2.2 企业生产安全风险分析的组织与实施	
			4.4.2.3 企业生产安全风险消除措施	

续表

职位层级	工作职责	能力要求	内容模块	学习导航（单元－模块－项目）
高级技师	5.1　负责新设备操作规程制定	5.1.1　具备引进、推广和应用新工艺能力	5.1.1.1　国内外储气库相关行业先进工艺技术	
			5.1.1.2　国内外储气库相关先进设备有关知识	
			5.1.1.3　对储气库相关设备操作规程的更新与完善	
	5.2　负责设备故障分析与处理	5.2.1　具备处理设备特殊故障能力	5.2.1.1　现场疑难问题原因分析与处理	
	5.3　负责方案的编写	5.3.1　具备技术方案编写、审核与指导能力	5.3.1.1　设备方案、应急预案的审核要点	
			5.3.1.2　设备方案、应急预案审核后的指导与沟通	
	5.4　负责设备选型及改装	5.4.1　具备分析评价综合能力	5.4.1.1　设备选型及改装	
	5.5　负责计划和教案的编制	5.5.1　具备指导培训和授课能力	5.5.1.1　培训计划、教案制定	
			5.5.1.2　各类公文写作的基本要求	
			5.5.1.3　技术论文写作	
	5.6　负责参与质量管理与审定	5.6.1　具备综合审定能力	5.6.1.1　质量管理方法与技巧	
	5.7　参与事故原因分析与调查	5.7.1　具备分析处理安全事故能力	5.7.1.1　安全事故的分析方法	
			5.7.1.2　相关事故案例分析	

参考文献

［1］梁平．天然气操作技术与安全管理(第二版)．北京：化学工业出版社，2012.

［2］张汉林．阀门手册–使用与维修．北京：化学工业出版社，2013.

［3］李莲明，洪鸿．天然气开发常用阀门手册．北京：石油工业出版社，2011.

［4］胡士信．阴极保护手册．北京：化学工业出版社，2003.

［5］寇杰，梁法春．油气管道腐蚀与防护．北京：中国石化出版社，2008.

［6］柏景方．污水处理技术．哈尔滨：哈尔滨工业大学出版社，2006.

［7］徐务棠．服务器管理与维护．广州：暨南大学出版社，2014.

［8］吴九辅．流量测量．北京：石油工业出版社，2006.

［9］张文娜，熊飞丽．计量技术基础．北京：国防工业出版社，2009.

［10］宋晏，刘勇，杨国兴．计算机应用基础．北京：电子工业出版社，2013.

［11］梁平，王天祥．天然气集输技术．北京：石油工业出版社，2008.

［12］郑建光．过程控制调节仪表．北京：中国计量出版社，2009.

［13］张映红．设备管理与预防维修．北京：北京理工大学出版社，2009.

［14］黄春芳．天然气管道技术．北京：中国石化出版社，2009.

［15］颜廷杰．实用井控技术．北京：石油工业出版社，2010.

［16］张晓君，刘作荣．工业电器与仪表．北京：化学工业出版社，2010.

［17］业渝光，刘昌岭．天然气水合物的结构与性能．北京：地质出版社，2011.

［18］高野，张淑华，闫立强．新编现场急救教程．北京：中国人民公安大学出版社，2011.

［19］刘宝权．设备管理与维修．北京：机械工业出版社，2012.

［20］任彦硕．自动控制原理．北京：机械工业出版社，2018.